航天科技图书出版基金资助出版

先进主动热控系统体系架构研究

杨　勇　刘　欣　潘　瑶　巩萌萌　编译

中国宇航出版社
·北京·

图书在版编目(CIP)数据

先进主动热控系统体系架构研究 / 杨勇等编译. --北京：中国宇航出版社，2018.12

ISBN 978-7-5159-1566-1

Ⅰ.①先… Ⅱ.①杨… Ⅲ.①航天器—热控制—系统结构—研究 Ⅳ.①V448.2

中国版本图书馆 CIP 数据核字(2018)第 284928 号

责任编辑 赵宏颖 **封面设计** 宇星文化

出 版 发 行 中国宇航出版社

社 址 北京市阜成路 8 号 **邮 编** 100830

(010)60286808 (010)68768548

网 址 www.caphbook.com

经 销 新华书店

发行部 (010)60286888 (010)68371900

(010)60286887 (010)60286804(传真)

零售店 读者服务部 (010)68371105

承 印 河北画中画印刷科技有限公司

版 次 2018 年 12 月第 1 版

2018 年 12 月第 1 次印刷

规 格 787×1092

开 本 1/16

印 张 10.5

字 数 256 千字

书 号 ISBN 978-7-5159-1566-1

定 价 58.00 元

航天科技图书出版基金简介

航天科技图书出版基金是由中国航天科技集团公司于2007年设立的，旨在鼓励航天科技人员著书立说，不断积累和传承航天科技知识，为航天事业提供知识储备和技术支持，繁荣航天科技图书出版工作，促进航天事业又好又快地发展。基金资助项目由航天科技图书出版基金评审委员会审定，由中国宇航出版社出版。

申请出版基金资助的项目包括航天基础理论著作，航天工程技术著作，航天科技工具书，航天型号管理经验与管理思想集萃，世界航天各学科前沿技术发展译著以及有代表性的科研生产、经营管理译著，向社会公众普及航天知识、宣传航天文化的优秀读物等。出版基金每年评审1～2次，资助20～30项。

欢迎广大作者积极申请航天科技图书出版基金。可以登录中国宇航出版社网站，点击“出版基金”专栏查询详情并下载基金申请表；也可以通过电话、信函索取申报指南和基金申请表。

网址：http：//www.caphbook.com

电话：(010) 68767205，68768904

《先进主动热控系统体系架构研究》编译委员会

主　编　杨　勇

副主编　刘　欣　潘　瑶　巩萌萌

编　委　王海英　余　群　张晓屿　王思峰
　　　　王领华　吕建伟　张少华　贲　勋
　　　　周振君　于海鹏　王国庆　刘理泽

前　言

热控技术作为航天技术中不可或缺的一部分，是保障航天器安全稳定运行的关键技术之一。随着航天探索需求的不断发展，航天器的性能不断提高，对其采用的热控技术提出了更高的要求。美国国家航空航天局（NASA）作为航天领域的领先机构，早在20世纪就对各类先进热控技术的特点及其在航天任务中的适用情况进行了分析，指出了未来航天领域先进热控技术的发展方向。

本书编译自NASA发布的关于先进热控技术在航天任务中应用情况的相关报告。书中结合空间站、航天飞机、月球基地及火星基地等各类航天任务的需求，以减重为目标，建立了先进热控技术的评价准则，对不同先进热控技术进行了详细地分析评估，并对这些热控技术的减重潜能进行了量化，其研究结果对航天器热控方案的选择、设计及优化具有很大的参考意义。

这些先进的热控技术虽然早在20世纪90年代就已提出，但时至今日，它们仍然代表了航天器热控制技术的应用及发展方向。对中国航天而言，这些先进的热控技术中绝大部分还处于理论研究及地面试验阶段，与国外先进水平还有一定差距。随着我国空间探索的不断深入，这些先进的热控技术也是需要掌握的热控关键技术。

感谢参加本书编译的全体人员，从翻译、校对到定稿，前后经过了多轮修订，多是他们利用工作之余的时间完成。大家为此付出了辛勤的汗水，同时在书稿的一次次讨论、完善中也增长了知识，收获了团结，分享了快乐。

由于本译著涉及众多航天任务和大量热控技术，专业术语较多，翻译难免存在疏漏和不一致之处，敬请读者批评指正。

译　者

2018年4月

目　录

第1章　绪　论

据统计，截至目前，美国国家航空航天局（NASA）共开发了二十余种先进热控技术，这些技术处于不同的开发阶段，代表未来热控技术的发展方向。本书以 NASA 开展的 5 项航天任务为背景，对采用先进热控技术的热控系统（ATCS）体系架构进行研究。主要目的是对这些新技术替代现有技术的可行性进行分析，通过对不同热控技术进行对比，对其减重潜力进行量化研究，评估这些热控技术在未来航天任务中的优势。

1.1　背景任务定义

本书的研究以 5 种载人航天任务作为背景，包括：国际空间站（ISS）的改进、空间运输系统（STS）的升级、月球前哨登陆器（FLO）、永久月球基地（PLB）以及火星着陆器（ML）。这 5 种航天任务的热控需求各不相同。

（1）国际空间站的改进

国际空间站设计寿命为 30 年。外部热控系统设计使用了 6 个在轨可更换的流体管路辐射器单元，共分为 2 组。假设经过 20 年的运行后，受微流星撞击、光学特性退化及其他故障的影响，国际空间站的辐射器单元需要进行更换，与此同时，还需要增加 1 组 2 个新的可更换辐射器单元，以应对空间站功耗增加后导致的散热需求。

（2）空间运输系统的升级

空间运输系统的升级任务是利用具有同等或更高能力的新型热控系统组件对现有空间运输系统（航天飞机）进行升级。

航天飞机在轨期间的热耗为 39.5 kW。其外部热控系统的流体回路工质采用氟利昂 R21，除流体管路辐射器外，航天飞机的热控系统还采用了蒸发冷却技术。在轨期间，辐射器作为主要散热手段，蒸发器利用水的蒸发作为辅助散热装置。假设升级后的航天飞机寿命为 140 次任务（20 年每年 7 次飞行），在评估分析中将考虑航天飞机采用热控新技术升级后整个寿命周期累加的总质量减少量。

（3）月球前哨登陆器

月球前哨登陆器热控系统要排散 16.0 kW 热负荷，任务时长为 45 天。基础外部热控系统方案采用低吸收率水平辐射器，辐射器上表面涂层为镀银特氟龙，下表面为绝热层以防止月面的辐照加热，热控系统流体工质为液氨。对月球前哨登陆器的评估考虑了两个月球前哨登陆器利用新热控技术后所得到的总质量减少量。

（4）永久月球基地

永久月球基地可连续为 3 人或 4 人提供生活及工作的空间，包括一个居住舱，一个实验舱和一个植物培养舱。植物培养舱是一个整体，由环境控制及生命保障系统组成，可补充氧气，排除二氧化碳，并且为航天员提供一定量的食物。基地的能源通过携带有储能装置的太阳能电池阵提供。基础热控系统的散热通过低吸收率的水平辐射器实现，热控流体工质为液氨，总热负荷为 50 kW，假设目标基地位于月面赤道位置，其运行寿命为 15 年。

（5）火星着陆器

火星着陆器需要在火星表面停留 30 天，包括可提供 4 名航天员居住和试验的两个空间舱。火星着陆器的基础热控系统方案采用低吸收率垂直辐射器，流体回路工质为液氨。登陆器着陆于火星赤道，工作时产生 30 kW 的连续热负荷，假设该任务仅执行一次。

1.2 先进热控技术

我们将先进热控技术定义为“未在以前和现役的航天器中使用过的热控技术”。根据系统功能，本书将各项先进热控技术进行了分类，一些无法按功能归类的技术将列为附加技术。

（1）两相热控技术

两相热控技术利用工质相变潜热进行热量传输。液体工质从热排散装置流出后，通过管路流经热收集装置，吸热后变为蒸气，蒸气工质进入热排散装置后散热凝结，又开始下一个循环。利用工质的潜热，单位质量的流体工质能够携带较多的热量。

1）具有机械泵/分离器的两相热控技术；

2）低能耗两相热控技术；

3）电液泵驱动两相热控技术；

4）毛细泵回路。

（2）热泵

在消耗一定能量的基础上，热泵通过提高辐射器的温度达到提高辐射效率的目的。对于机械驱动热泵，压缩机的运转需要消耗电能。对于热驱动热泵，驱动热泵循环所需的能量为高温热源，这种热源可以是其他工业过程产生的热源，也可以是专门用于热泵驱动的热源。

1）蒸气压缩热泵；

2）太阳能蒸气压缩热泵①；

3）络合物热泵；

4）沸石热泵。

（3）热管辐射器

热管是一种被动式两相热传输装置。基本原理是通过蒸发端内部流体工质的蒸发来收

① 采用专用太阳能电池阵提供能源的蒸气压缩热泵。

集热量，再通过冷凝端冷凝实现散热，流体工质在毛细力的作用下沿着内部槽道或缝隙被抽吸回蒸发端中。

1）干道热管辐射器；

2）电液泵驱干道热管辐射器；

3）轴向槽道热管辐射器。

（4）轻质辐射器

轻质辐射器采用了复合材料以及先进的材料加工技术，从而使辐射器获得更轻质量。

1）复合材料流体管路辐射器；

2）复合材料回流沸腾管辐射器；

3）复合材料热管辐射器；

4）可展开式辐射器。

（5）其他散热技术

相变蓄热是通过相变材料的融化实现热量的收集与存储，存储的热量可在散热装置处于低负荷运转时排散出去。

抛物面辐射器遮板可以反射太阳直接辐射，在太阳辐射与散热装置间形成遮挡，同时可以阻挡来自于行星表面的红外辐射，从而降低了散热环境的等效温度。

1）相变蓄热；

2）抛物面辐射器遮板。

（6）附加技术

另外，还有一些无法与上述技术归类的附加技术。比如，流体管路转动关节就是传输热控系统流体工质的装置，植物舱冷却改进系统概念是利用植物培养舱来减小热控系统质量，碳刷式换热器利用大量碳纤维来提高接触间隙间的导热率。

1）流体管路转动关节；

2）植物舱冷却改进系统；

3）碳刷热交换器。

本书的研究围绕这二十余种不同技术成熟度的先进热控技术开展。由于任何一种先进热控技术都不能适应所有航天器或居住舱，也并不是每一种技术都能为任务带来了好处，因此，对这些新技术在航天背景任务中的应用进行了筛选，每一项先进技术在背景任务中的应用如表1-1所示。

表1-1 应用于不同背景任务的先进热控技术

先进热控技术	航天背景任务				
	ISS	STS	FLO	PLB	ML
两相热控技术					
具有机械泵/分离器的两相热控技术	√			√	
低能耗两相热控技术	√	√	√	√	√
电液泵驱动两相热控技术			√	√	√

续表

先进热控技术	航天背景任务				
	ISS	STS	FLO	PLB	ML
毛细泵回路	√		√	√	√
热泵					
蒸气压缩热泵	√			√	√
太阳能蒸气压缩热泵	√		√	√	√
络合物热泵				√	
沸石热泵				√	
热管辐射器					
干道热管辐射器	√				
电液泵驱干道热管辐射器	√				
轴向槽道热管辐射器	√				
轻质辐射器①	√	√	√	√	√
复合材料流体管路辐射器	○	○	○	○	○
复合材料回流沸腾管辐射器			○	○	○
复合材料热管辐射器	○		○	○	○
可展开式辐射器			○	○	○
其他散热技术					
相变蓄热		√			
抛物面辐射器遮板			√	√	
附加技术					
流体管路转动关节	√				
植物舱冷却改进系统				√	
碳刷式热交换器	√			√	
可应用技术总数	11	3	6	12	6

研究中假设这些先进热控技术理论上是可行的，尽管它们的技术成熟度还不够，但这并不妨碍评估未来热控系统应用这些技术时带来的减重和其他好处。

每一项先进热控技术都存在各自的优势和不足，为了减少无用功，根据任务的特点对技术列表进行了删减，仅分析对某项任务有益的技术。另外，在初期研究，仅对每一项技术的优势进行单独分析，而没有与其他技术相结合优化考虑。

根据 Ungar (1995)[1]研究结果，两相热控技术应用于大型高热负荷系统时具有低功耗的优点。电液泵驱动技术在航天器发射及着陆过程这种高加速度环境中并不适用。毛细泵回路利用两相吸放热循环进行热量传输，与其他两相热控技术不同，毛细泵回路没有运

① 在表 1-1 中轻质辐射器作为一个类别，在这个类别下各种构型都可归类为轻质辐射器。这些技术有可能应用到某个任务则在下面标记“○”，但不作为一项独立的技术进行评价。

动部件；其不足之处在于毛细泵产生的压头较低，所以该系统也不能在航天器发射及着陆加速阶段运行。

热泵是一种通用技术，它能够应用于大多数航天器及任务。它需要相对较大的功率或者高温热源作为驱动。因此，热泵系统需要排散包括自身输入的所有热负荷，而不仅仅是仪器的热负荷。蒸气压缩热泵可以应用于除空间运输系统升级任务以外的所有任务。络合物热泵和沸石热泵只适用于永久月球基地任务。

热管辐射器一般比流体回路辐射器更重，但在空间高密度碎片撞击威胁的环境下具有更强适应性。对于本书所研究的任务而言，只有国际空间站的改进任务才受到大量空间碎片环境的威胁。

轻质辐射器指一大类使用高强度、轻质量的材料制成的辐射器。由于该类别种类繁多，对于不同任务其构型各不相同。具体的轻质辐射器技术包括：复合材料流体管路辐射器，复合材料回流沸腾管辐射器，复合材料热管辐射器以及可展开式辐射器。在这些案例中，复合材料回流沸腾管辐射器及可展开式辐射器在行星表面仅能竖直安装。复合材料热管辐射器在行星表面也是竖直安装，但它在微重力环境中同样可以运行。

相变蓄热技术利用材料的相变潜热吸热或放热。该种材料和流体回路辐射器联合使用可以在航天器处于极端热环境时提供辅助的热沉。当航天器在轨或再入气动加热过程中，处于短时高温环境时，相变蓄热技术具有很好的适用性。

抛物面辐射器遮板需要较大的安装布置面积，其使用环境不能有大气的存在，因为大气流动会造成遮板上沉积灰尘。

航天器在轨运行过程中，如果辐射器需要不断调整位置以避开太阳辐射时，流体管路转动关节可解决这一问题。但在行星表面应用时，即使调整辐射器的布置，也很难避开所有太阳辐射的影响。

植物舱冷却改进技术只有在包含有植物培养舱的任务中应用。在目前的研究中只有永久月球基地计划采用该技术。

碳刷式热交换器已经在一些使用冷板的地方得到了应用。在本书中该技术仅限于在国际空间站的改进任务和永久月球基地计划的直流转换器冷板使用。

1.3 研究方法

在书中将采用单相流体回路技术进行热量收集及传输的热控系统作为研究的基础，同时对这种基础热控系统进行了如下假设：

1）流体回路通过换热器对热量进行收集；

2）内部热控系统采用液态水作为工质收集航天器居住舱内热量，并将热量传递给外部热控系统；

3）外部热控系统采用单相制冷剂作为工质收集内部热控系统及舱外有效载荷的热量，并将热量传递给辐射器排散至外部空间环境；整个热控系统至少有两个外部热控系统回路；

4）热量通过铝制流体管路辐射器向空间进行排散。

上述热控系统组成技术在现役航天器中较为常见。在书中结合背景任务将每一个采用单项先进技术后的热控系统与基础热控系统进行了比较。以系统质量为出发点，对不同先进热控技术带来的系统减重及其他有利因素进行了定性评估。在研究中将热控技术所需功耗也通过适当的能质代偿系数直接转换成等效质量。

尽管将这些技术综合应用会带来更大的好处，但研究中并没有把这些新技术综合起来考虑。这是因为对于每个任务，用于评价先进热控技术的标准包括信息的完备性、任务的适用性以及工程的应用性等。在这些先进技术中，有的技术只适用于特定的环境或任务，而有的技术则具有较广的适用范围。

本书的研究将采用先进技术后的热控系统与基础系统进行比较，研究结论具有较好的通用性和扩展性。将来随着研究的深入，根据新的研究成果，我们仅需要对相应的部分进行更新完善即可，而不需要重新开展一遍研究工作。

在对各项先进技术评估时，除了主要的减重评估外，也给出了综合的定性评估得分。综合评估包括5个方面的影响因素：体积、安装难易度、可靠性、将该技术的成熟度提高到不低于6级所需要的研发成本和地面应用潜力。

（1）主要评估参数

1）设备减重；

2）功耗；

3）能耗转换质量；

4）总的减重（包括设备及功耗）。

（2）定性评估参数

1）体积；

2）安装难易度；

3）可靠性；

4）研发成本；

5）地面应用潜力。

在先进技术与基础系统性能相似的情况下，定性评估为“一般”。在先进技术与基础系统有巨大差别时，将用两个极端评估指标中的一个来评价。在研发成本方面，如果将该技术从目前水平提高到技术成熟度为6的水平，所需要的成本为100万美元，则评估它的研发成本为“低”，对100万～300万美元研发的成本评估为“一般”，对于大于300万美元的研发成本评估为“高”。更具体的定性评估等级如表1-2所示。

表1-2 评估内容定性得分

评估内容	定性得分		
	−1	0	+1
体积	大	一般	紧凑
安装	困难	一般	简单

续表

评估内容	定性得分		
	−1	0	+1
可靠性	降低	一般	提高
研发成本	高	一般	低
地面应用潜力	无	可能	好

在评估中参考了 NASA（1991）[2]的技术成熟度等级定义，见表1－3。

表1－3　技术成熟度定义

等级	技术成熟水平描述
1	基本原理清晰
2	技术概念与/或应用设想明确
3	技术概念和性能特性通过分析及试验考核
4	组件/电路板通过实验室验证
5	组件/电路板通过相关环境考核
6	系统/子系统模型或原型机通过相关环境考核
7	系统原型机通过模拟环境考核
8	系统完成、通过试验及演示验证，并具备飞行条件
9	系统已经通过飞行验证

第2章 先进热控技术

本章对各种先进热控技术进行介绍，并通过其在空间任务中的应用与基础热控系统的对比，对各项技术进行综合定性评估。基础热控系统是现有航天器或者居住舱热控系统构型或者定义的基础构型。在基础热控系统中热控系统（TCS）采用流体回路将收集到的热量传输到辐射器向太空排散。整个热控系统由内部热控系统（ITCS）和外部热控系统（ETCS）组成，内部热控回路采用水作为工质，外部热控系统采用氨作为工质，内、外热控系统间通过热交换器进行换热。

2.1 两相热控技术

两相热控技术基本原理是利用流体工质的潜热吸收/释放热量。假设在航天器外部热控系统使用两相热控回路，当外部热控系统回路收集热量之后，流体工质气化，气化工质携带所收集的热量经过散热装置后冷凝实现热量的排散。相比单相热控技术，两相热控技术所需管路直径更小，工质更少，功耗更低，尤其是在外部热控系统有较长流体管路的大型航天器或居住舱上，两相热控技术优势更明显。

Ungar（1995）[1]对不同规模空间站上分别采用的单相、两相热控技术进行了比较。其研究结果表明，两相热控技术在大型航天器中效果最好，中型航天器次之，小型航天器最差。在本书的分析中，对两相热控回路在国际空间站的改进计划与永久月球基地这些大型航天器的应用进行了评估。

2.1.1 具有机械泵/分离器的两相热控技术

机械泵/分离器利用离心力将气液两相混合工质分离成液体工质及气体工质。如图2-1所示，液体工质进入内外回路热交换器进行换热。气体工质则进入辐射器进行散热，并冷凝为液体。

为了简化分析，在研究中做出如下假设：首先，两相流体回路的管路、安装支架以及热交换器等组件的质量与进行比较的单相流体回路对应组件的质量相同；其次，不考虑两相系统与单相系统流体工质质量的差异。

具有机械泵/分离器的两相热控技术被提出用于空间站的大型热控系统，很多设计及改进工作都已经完成，因此对国际空间站的改进任务而言，该技术的成熟度（TRL）为7，而用于其他任务时，该技术的成熟度为6。这项技术的开发不需要开展飞行试验，这大大降低了技术的研发成本。一旦该技术研发完成，其可靠性和安装布局的适应性与当前设备相当。气态工质的冷却与冷凝过程不但换热效率高而且对功耗的需求极小，因此这项技术在地面可能具有应用前景。

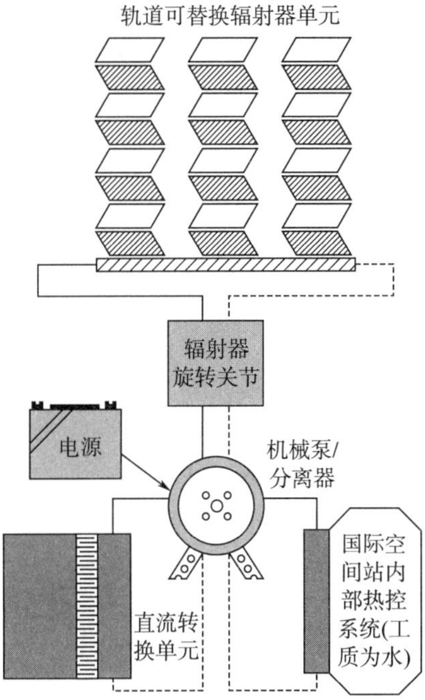

图 2-1　使用机械泵/分离器两相热控技术的国际空间站外部热控系统示意图

（两相流动管路为虚线，单相流动管路为实线）

对该技术的综合定性评估如下：

- 技术成熟度①：6；
- 体积：一般；
- 安装：一般；
- 可靠性：一般；
- 研发成本：低；
- 地面应用潜力：无；
- 综合定性评估：0。

2.1.2　低能耗两相热控技术

低能耗两相热控技术与具有机械泵/分离器的两相热控技术类似，只是其热控系统中的循环泵驱动的是液体工质。同具有机械泵/分离器的两相热控系统工作一样，外部热控回路的工质从内部热控回路吸收热量蒸发，然后气液混合工质流向辐射器内部。因此，循环泵需要安装在辐射器回路的下游，在这里工质一直处于液相过冷状态。这种设计不仅可以减小泵的功率，同时由于不需要气液分离装置，还可以大大降低系统的复杂程度。研究结果显示，该系统比具有机械泵/分离器的两相热控系统所需功耗更低。

① 对于国际空间站该技术的技术成熟度为 7。

从技术角度看，低能耗两相热控技术依然处于研究阶段，但由于低能耗两相热控技术是对成熟部件在安装布局位置上进行了新的尝试，因此研究的重点是系统运行性能，而不是单机设备。为了简化分析，在研究中进行了一些假设：首先，假设两相回路的管路、安装支架、热交换器等部件的质量与相对应的单相回路的部件质量相同；其次，不考虑两相系统与单相回路中工质质量的差异。

从技术上看，低能耗两相回路相比具有机械泵/分离器的两相热控系统安装更简单，但是低能耗两相热控回路的技术成熟度仅为3，相对较低。所以其研发成本预期评估为“一般”。该项技术的地面应用价值不高。一种应用是在建筑空调中采用两相热控技术，但在住宅及商业建筑空调温度下，该技术的性能低于标准热泵循环。另一方面，为了避免重力对管路中两相混合物的流动带来不利影响，空调系统中冷凝器的安装位置必须高于蒸发器①，而这在建筑空调设计中是不切实际的。在更高温度的应用场合，比如工业生产过程的冷却，常采用液体喷洒或冷却槽。另外低能耗两相热控系统中冷板及管路的造价也比较昂贵，目前仅在石化及其他工业领域使用了与低能耗两相热控系统相似的技术。综合考虑，预计低能耗两相热控技术地面应用较少。

对该技术的综合定性评估如下：

- 技术成熟度：3。
- 体积：一般。
- 安装：一般。
- 可靠性：一般。
- 研发成本：一般。
- 地面应用潜力：无。
- 综合定性评估：－1。

2.1.3 电液泵驱动两相热控技术

在两相热控技术的应用中，首先必须解决的是气液两相混合物的传输难题。在低能耗两相热控回路中，通过辐射器冷却后的工质处于过冷状态，这样才能确保进入驱动泵的工质只有液体。而电液泵对工质相变没有限制，它可以通过分布的电液泵驱动系统工质的流动，但较大的过载环境会对电液泵驱动热控回路带来不利影响，因此，该技术可适用于微重力环境或行星表面环境，而不适用于航天器发射过程中的大过载环境。

电液泵两相热控技术有很多的优点，在电液泵驱动回路中，不需要气液分离装置，也不需要机械泵。电液泵的质量和功耗与机械泵相近。系统所占空间与安装布局要求也与其他两相热控系统相似。电液泵驱动两相热控回路的可靠性较突出，因为其在回路中使用了较多的小型化电液泵，在运行时，一个电液泵的失效对系统带来的危害远远小于机械泵驱

① 由于地面环境温度较高，辐射器并不适用于商用建筑和住宅的冷却。尽管可以将冷却塔安装在建筑物的屋顶为低能耗两相热控系统提供热沉，但由于冷却塔质量非常大，这对于老旧建筑而言是不可承受的。对于新建筑，为使用低能耗两相热控系统必须同时安装辅助支撑结构，这也是难以接受的。

动回路中机械泵失效带来的危害。电液泵的技术不够成熟，技术成熟度仅为 2。由于电液泵的驱动压头较小，地面的测试能够充分验证其在行星表面的应用，但对于在空间轨道的应用还需要开展大量的在轨测试，以评估其在微重力环境下的运行特性。因此，应用于行星表面任务时，电液泵驱动两相热控回路的研发成本评估为“一般”，而应用于在轨任务时，其成本较高。电液泵还可能应用于医疗及石化工业领域。因为在医疗领域，医学流体经常含有超过两相的流体，比如血液或者细菌的悬浮物，电液泵是用于传输上述混合物的一种非常有效的方法。此外，电液泵驱动回路是通过多个电液泵来实现流体的长距离传输，这种模式不会像传统机械泵那样会对流体带来大的外力影响，因此，当流体中含有一些不能破坏的成分时，电液泵比机械泵更适用。不同于低能耗两相热控系统，电液泵能够驱动气液混合的两相流体，而不需要对气液进行分离，因此，在一些工业应用中，电液泵驱动技术具有较好的应用前景。

对该技术的综合定性评估如下：

- 技术成熟度：2；
- 体积：一般；
- 安装：一般；
- 可靠性：提高；
- 研发成本：一般；
- 地面应用潜力：好；
- 综合定性评估①：+2。

2.1.4　毛细泵回路

毛细泵回路是一种利用毛细力驱动工质的两相热控回路。毛细泵回路原理是毛细泵回路中工质在蒸发器吸收热量并蒸发，然后在冷凝器中冷凝并将热量排向环境或热沉，如图 2-2 所示。蒸发器的毛细芯是一种多孔的高分子材料，在通常情况下被工质浸润。当蒸发器受热时，主毛细芯外侧的工质蒸发，并移动到冷凝器，工质在冷凝器中冷凝并变为过冷液体，在毛细芯的吸附力作用下又回到蒸发器。储液器含有饱和气液工质，使回路处于所设定压力及温度状态。因此毛细泵回路在标准运行模式下，是一个可变热导装置②，其热量传输能力与蒸发器中蒸发率成一定比例，工作温度由回路的设定压力决定。

Cullimore（1993）[3]基于大量的文献调研，对毛细泵回路运行特性进行了全面的论述。毛细泵回路具有较大传热能力，可以解决载人航天器或居住舱的散热需求。Cullimore 的研究显示，使用铝－氨材质的单个毛细泵回路设计传热能力约为 5～25 kW③。多个蒸发器可以并联组合收集热量，冷凝器也可以通过并联方式排散热量，采用多个蒸发器和冷凝器

① 该评估针对的是在行星表面的任务。对于在轨飞行任务的研发成本是“高”，整体得分为+1。

② 如果储液器完全充液，毛细泵回路就成了一种固定热导传热装置。传统的做法是通过设计毛细泵回路的充罐量避免这种情况。

③ 飞行产品中，一般有几个毛细泵回路，每个回路的传热不超过数百瓦。例如地球观测系统（EOS）中，其中有 3 个仪器，每个仪器的最大热负荷为 250 W，使用一个毛细管泵回路就能将这些热量传出，另一个回路备份。

的毛细泵回路具有自动控温能力，能够实现对低于回路设定温度的负载进行加热、对高于回路温度的负载进行冷却的功能①。但总的来说，为了确保毛细泵回路正常工作，负载总的需求是进行冷却。

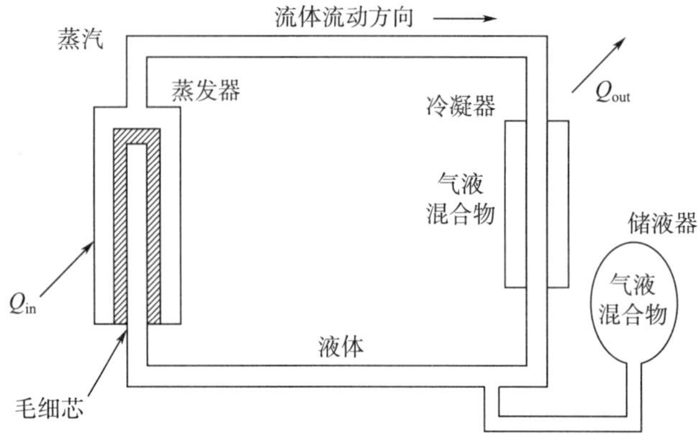

图 2-2　毛细泵回路示意图（Cullimore，1993）[3]

毛细泵回路不受安装空间的限制，这是一种比较特殊的热控系统架构②。在地面重力环境下，选择合适的毛细芯结构和管路尺寸，可以实现将工质反重力驱动到 0.3～3 m 的高度。所以，毛细泵回路不仅能应用于空间轨道环境，也能应用于行星表面。但毛细泵回路在发射及再入阶段等长时间过载的环境下完全不适用。

本书研究显示，相比单相流体回路，毛细泵回路不需要额外的能量驱动，因此不会额外增加质量。该热控系统没有任何机械运动部件。唯一的能耗用于保持储液器温度处于回路设定值，相比毛细泵回路的传热能力，该能耗需求仅仅是一个非常小的值。工程应用中的毛细泵回路的组件与单相流体回路热控系统相比较区别较大，毛细泵回路的组件必须具有较小的流动阻力，从而使整个回路的压降达到最低③。但这些组件的质量并不一定会超过单相流体回路的组件质量。

定性地分析，采用毛细泵回路时，其布局空间以及安装难度应该与基础热控系统相当④，系统的可靠性应该比基础系统有所改进，因为毛细泵回路没有机械运动部件，可以在较小功率输入下就能运行。对于轨道载人航天任务而言，毛细泵回路技术的研发成本较高，因为多组蒸发器/冷凝器的毛细泵回路还缺少足够的在轨测试。如果该技术应用于行星表面，地面测试研发成本预计处于一般水平。运用于载人航天器的技术成熟度为 5。目前毛细泵回路地面尚未应用，因此预计不会有地面应用。

---

① 毛细管泵回路还具有热二极管功能。当环境温度高于热负荷冷却温度时，回路内的液体工质将蒸发，蒸发器蒸干停止工作，这也就阻止了环境热量向冷却对象传递。当环境温度降低后，毛细泵回路又能恢复正常的工作（Cullimore，1993）[3]。

② 因此，它们被归类于两相热控系统而不是热管。

③ 受高分子毛细芯所能提供的泵压限制，Ungar（1996）[9]建议回路总压降不超过 3 447 Pa（0.5 lb_f/in^2）。

④ 使用单相热控系统与毛细泵回路改装航天器即使可能，也会非常困难。因此，如果对已经存在的航天器进行改造，对安装的评价应该是“困难的”。

对该技术的综合定性评估如下：

- 技术成熟度：5；
- 体积：一般；
- 安装：一般；
- 可靠性：提高；
- 研发成本：一般；
- 地面应用潜力：无；
- 综合定性评估①：0。

2.2　热泵

对辐射散热而言，辐射器如果面积不变，要提高辐射散热量只能通过两种方法，一是降低环境或热沉温度，另一个就是提高辐射器表面温度②。本书所探讨的在航天任务中使用的热泵就是这样的一种装置，它可以将轨道航天器或行星基地运行时产生的热负荷以较高的温度向外排散。热泵一般可分为两类，蒸气压缩热泵依靠电力驱动压缩机带动整个系统循环工作③。热驱动热泵是在一定温度范围内，通过化学或物理的吸附与脱附带动整个系统的循环工作，在循环中，固/气吸附系统需要采用稳定的制冷剂作为工质。在热驱动热泵中，高温热源是驱动系统运行的前提。在地面情况下，高温热源可通过核电厂或其他工业过程所产生的废热获取。对航天任务而言，可利用太阳能集热器来获得高温热源，以带动热泵循环运行。在本书的分析中，热驱动热泵参考了 Ewert（1993）[4] 的研究，同时假定太阳能集热器是驱动热泵循环的热源。

在研究中假定，整个系统的尺寸可以满足热泵循环的要求，同时不管是轨道航天器还是居住舱都可以受到太阳照射。对轨道航天器而言，阴影区轨道时间相对较短，热泵可以连续工作。例如，国际空间站在太阳入射角为 0°时，90 min 的轨道周期内仅有 30 min 处于阴影区。

2.2.1　蒸气压缩热泵

对于主动热控系统，利用蒸气压缩热泵可以提高辐射器流体的温度，从而提高辐射器的散热能力，进一步减小所需辐射面积。以典型的单级热泵循环为例，循环工质流经蒸发器，在蒸发器内吸收热量并蒸发，蒸发后的工质处于过热状态。过热蒸气经压缩机压缩升温后进入冷凝器，在冷凝器内工质冷凝，并将热量传输至辐射器，并以较高的温度向外辐

---

① 这一评估是针对行星表面的任务。对于在轨飞行任务的研发成本是“高”，综合定性评估得分为－1。

② 在真空环境中，辐射器与环境间的热交换量 q 可定义为：$q=\eta A\varepsilon F_{ij}\sigma[T_{\mathrm{radiator}}^4-T_{\mathrm{sink}}^4]$

其中，A 是实际的辐射器表面积，η 是翅片效率，ε 是表面发射率，F_{ij} 是辐射器表面积和环境之间的角系数，σ 是斯蒂芬-玻尔兹曼常数，T_{radiator} 和 T_{sink} 分别是辐射器表面温度和环境温度。

③ 另一种机械式热泵采用斯特林循环。斯特林循环作为蒸气压缩循环同样具有许多相同的属性。但到目前为止，斯特林热泵还没有被应用于高负载或高温工况。因此，本文未将其纳入研究范围。

射热量。冷凝后的工质经过膨胀阀降温后又进入蒸发器开始下一个循环，如图 2-3 所示。

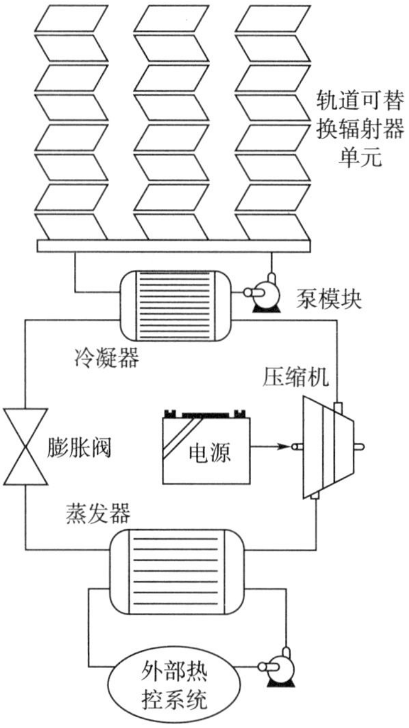

图 2-3 使用蒸气压缩热泵的外部热控系统（以国际空间站为例）

与使用流体回路辐射器的基础热控系统相比，蒸气压缩热泵的主要缺点是其能耗较高。该技术总的技术成熟度为 5。行星表面应用的研发成本预计较低。对于在轨应用，必须解决微重力对热泵系统中运动部件润滑剂流动的影响，并进行在轨测试，因此在轨应用研发成本较高。蒸气压缩热控系统的安装布局基本上与基础热控系统相当，可评估为“一般”。热泵可以直接用于地面建筑或工业设备的制热或制冷。使用不含氯氟烃的制冷剂，该技术具有较大的商业前景。应用于月球基地的高温多级热泵的设计工作已经开展，相比基础热控系统，采用热泵后，辐射器管路可以设计得更短，热泵也可以做得更紧凑，系统中受微流星撞击与热控涂层退化的影响更小。但另一方面，蒸气压缩热泵循环中需要压缩机，这又会降低系统的可靠性。

对该技术的综合定性评估如下：

- 技术成熟度：5；
- 体积：一般；
- 安装：一般；
- 可靠性：降低；
- 研发成本：低；
- 地面应用潜力：好；

• 综合定性评估①：+1。

2.2.2　太阳能蒸气压缩热泵

太阳能蒸气压缩热泵是利用太阳能作为能源的热泵系统，使用的基本设备与 2.2.1 节中蒸气压缩热泵相同，唯一的不同是能源输入需依靠专门的太阳能电池阵提供电能②。太阳能蒸气热泵设计有旁通管路，当系统不受太阳照射、热泵不工作时，外部热控系统循环回路工质可通过旁通管路直接流向辐射器，通过辐射器再向外散热（见图 2-4）。

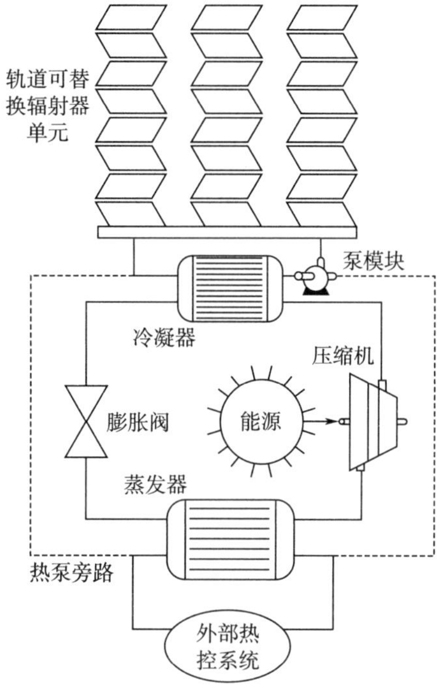

图 2-4　使用太阳能蒸气压缩热泵的外部热控系统（以国际空间站为例）

太阳能蒸气压缩热泵具有同前面描述的常规电源驱动的蒸气压缩热泵一样的优点，但是，太阳能热泵系统质量显著减小。因为对常规电源驱动的蒸气压缩热泵而言，电源系统将增加 90%的质量。采用太阳能代替后，整个系统的质量也就大幅减小。

对该技术的综合定性评估如下：

• 技术成熟度：5；
• 体积：紧凑；
• 安装：一般；
• 可靠性：降低；
• 研发成本：低；

---

① 对于在轨应用，研发成本是“高”，综合定性评估得分为−1。

② 此技术更正确的名称应该为“采用专用太阳能电池阵提供能源的蒸气压缩热泵”。

• 地面应用潜力：好；
• 综合定性评估①：+2。

2.2.3 络合物热泵

热驱动热泵需要利用高温热源来驱动热泵运行，对于络合物热泵，所需的高温热源温度约为 500K（Yerushalmi，1992）[5]。循环工质必须符合温度要求。

与工业生产中利用废热作为驱动热源不同，在航天背景的任务中可有两种方法产生用于驱动热泵的热源。一种方法是利用太阳能电池阵产生的电能进行电加热，另一种方法是利用太阳能集热器将太阳辐射聚焦到装有工质的管路上进行加热。第二种方法的效率更高，在本书的研究中采用了该方法。

络合物热泵热控系统在很多方面与基础热控系统相同。相比基础热控系统，络合物热泵辐射器可以更为紧凑，但这种优势也会被增加热泵所带来的质量增加所抵消。与蒸气压缩热泵相比较，热驱动热泵的运动组件更少，用于提供高温热源的热收集系统可靠性与其他技术相当，系统可靠性可以满足任务需求。现有的热泵研究已面向空间应用领域，因此该热泵的研发成本预计为一般水平。虽然在轨任务并没考虑采用该热泵，但微重力环境并不会影响它的运行，其技术成熟发度为 4。在地面应用中，络合物热泵系统可在那些较易获得高温热源的重工业生产中得到应用，例如电厂、金属加工及锻造工厂。此外，在太阳照射强烈、阳光充裕的干旱地区，络合物热泵也有较广的应用前景。

对该技术的综合定性评估如下：

• 技术成熟度：4；
• 体积：紧凑；
• 安装：一般；
• 可靠性：一般；
• 研发成本：一般；
• 地面应用潜力：可能；
• 综合定性评估：+1。

2.2.4 沸石热泵

沸石热泵也需要利用高温热源来驱动循环，所需的热源温度约为 700 K（Yerushalmi，1992）[5]。沸石热泵与络合物热泵具有很多相同的特点。

沸石热泵在质量、安装布置以及可靠性方面与络合物热泵相同，但沸石热泵的技术成熟度比络合物热泵低，仅为 3。在地面的应用前景也和前述络合物热泵相同。

对该技术的综合定性评估如下：

• 技术成熟度：3；

---

① 与蒸气压缩式热泵一样，这一技术也具有“高”的在轨应用研发成本。在轨应用的综合定性评估得分为 0。

- 体积：紧凑；
- 安装：一般；
- 可靠性：一般；
- 研发成本：一般；
- 地面应用潜力：可能；
- 综合定性评估：＋1。

2.3 热管辐射器

热管是一种可将热量从热端传递至冷端的两相传热装置。热管内工质在蒸发端吸收热负荷蒸发，产生的蒸气进入冷凝端后冷凝成液体，并向冷源放出热量，在研究的背景任务中冷源为环境。液化后的工质在热管内毛细抽力的作用下回流至蒸发端。每个热管的毛细泵极限将决定其传热极限。超过热管极限后，工质将聚集在热管冷凝段，热管失去作用。为了防止出现该问题，一种方法是增加热管数量以确保系统传热中单根热管不超过传热极限，另一种方法是在热管上增加驱动泵以提高传热极限。

虽然金属材料干道热管系统比使用相同材料的流体管路辐射器系统重，但干道热管的冗余设计能减小空间环境中的微流星和轨道碎片对辐射器的损害，为辐射器提供了更高的可靠性。对于采用流体管路辐射器的外部热控系统，由于其暴露在空间环境中，如果管路受到微流星或轨道碎片撞击破损，系统工质将迅速流失。使用干道热管时，辐射器上布置有多根热管，即使单根热管被损坏失去传热能力，也不会对外部热控系统的散热带来较大影响。同样，使用轴向槽道热管代替辐射器中的流体回路（Nguyen，1992）的意义，也不在于改进辐射器的性能，而是避免微流星和空间碎片的撞击，提高辐射器的可靠性。

2.3.1 干道热管辐射器

干道热管辐射器在结构形式与工艺设计方面与现有先进热管有所不同①。在热管辐射器方案中，基础热控系统中外回路辐射器被换热器取代，换热器与由多根热管组成的热管辐射器耦合。换热器收集外部热控回路中的热量，并将其传递给热管辐射器向空间排散。与 2.3.3 小节中提到的轴向槽道热管相比较，干道热管可以更长②，干道热管辐射器从换热器向空间延展的面积可以更大。对于总长 13.11 m（43 ft）的干道热管，仅有与换热器相连的长约 0.91 m（3 ft）的部分为蒸发端，剩余的为冷凝端，冷凝端与翅片耦合向空间散热。在干道热管内部设计有一哑铃状的干道用于管内工质的流动。干道热管工作时，蒸发后的工质在较大的蒸气干道内流动，冷凝后的液态工质在液体干道内回流。驱动工质流

① 一般情况下应用于航天器的热管，是指轴向槽道热管或类似热管。

② NASA 已经对至少 4 种不同长度规格的干道热管开展了研究和测试。包括 6.71 m（22ft）规格（在 SHAREII 项目中进行了在轨测试），13.11 m（43ft）规格（未开展测试），14.63 m（48ft）规格（在 SERS 项目中进行了地面测试）和 15.24 m（50ft）规格（在 SHARE 项目中进行了在轨测试）。此外，这些干道热管的内部设计由于制造商和研制时间的不同有所不同。在一般情况下，较长的干道热管设计比较短的设计要早。

动的压差由管内液体干道的毛细力提供（如图 2－5 所示）。

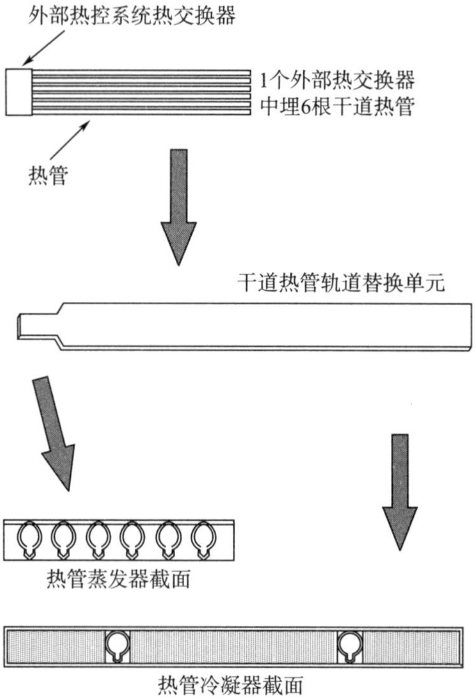

图 2－5　干道热管辐射器示意图

在早期的计划中，曾考虑将干道热管与两相热控回路相结合在空间站上使用。在这个方案中，两相热控回路的冷凝器与干道热管蒸发端耦合，干道热管辐射器也可设计为可进行在轨更换的辐射器单元。由于冷凝器的体积相对较小，可以大大降低空间碎片对其撞击的威胁，因此，这样的设计能有效地防止微流星和空间碎片的撞击。然而，这样的设计也有一个缺点，即轨道可替换热管辐射器单元与冷凝器之间的连接及耦合结构相对较重。

下面对两种构型的热管辐射器进行分析。第一种构型的热管长 13.11 m①。地面试验结果显示热管较长时，单位质量的散热效果较好（Chambliss and Ewert，1990）[6]，但采用 15.24 m 的热管进行在轨测试后，结果并不令人满意。因此，13.11 m 的热管曾被作为空间站主动热控系统的首选。第二种构型使用较短的 6.71 m 长的热管，其经过在轨测试性能良好（Brown，Ungar，and Cornwell，1992）②[7]。

(1) 13.11 m 干道热管辐射器

基于 Chambliss 和 Ewert（1990）的研究[6]，13.11 m 长干道热管辐射器组件参数见表 2－1。

---

① 这是适配航天飞机的有效载荷舱的最大长度。

② 这是在 SHAREⅡ中开展的测试。相比在 SHARE 中的测试，除了长度以外，热管在 SHAREⅡ中测试使用了不同的内部排列方式。

表2-1 13.11 m干道热管辐射器组件参数

	质量		辐射面积/m^2
	kg	lb_m	
外部热控系统冷凝器(对应单块轨道可替换辐射器单元)①	22.90	50.49	—
可替换干道热管辐射器单元(无工质)	39.01	86.00	7.43
热管工质(氨)	1.87	4.13	—
辐射器桁架梁(对应单块轨道可替换辐射器单元)	1.59	3.50	—
总质量和面积(对应单块轨道可替换辐射器单元)	65.37	144.2	7.43

基于 Kantara (1989)[8]的研究，13.11 m长的干道热管质量如下所示：

1) 总长度：13.11 m；

2) 蒸发器部分长度：0.91 m；

质量：5.20 kg；

3) 冷凝器部分长度：12.19 m；

质量：33.81 kg；

4) 总质量：39.01 kg。

采用13.11 m长的干道热管辐射器，单位辐射面积的质量是8.80 kg/m^2，然而，使用和13.11 m热管内部结构类似的但更长的热管进行在轨测试时（SHARE）效果并不理想。因此，还需要参考6.71 m热管在SHARE Ⅱ项目中的测试结果作进一步改进，以确保该热管可正常运行（Ungar，1996）[9]。同时还需要进一步的在轨测试来验证设计。

(2) 6.71 m干道热管辐射器

使用6.71 m干道热管辐射器，单位辐射面积的质量是9.88 kg/m^2，基于Brown，Ungar和Cornwell (1992)[7]的研究，各组件参数见表2-2。

表2-2 6.71 m干道热管辐射器组件参数

	质量		辐射面积/m^2
	kg	lb_m	
外部热控系统冷凝器(对应单块轨道可替换辐射器单元)②	19.73	43.50	—
可替换干道热管辐射器单元(含工质)③	45.05	99.32	6.94
辐射器桁架梁(对应单块轨道可替换辐射器单元)	3.81	8.39	—
总质量和面积(对应单块轨道可替换辐射器单元)	68.59	151.21	6.94

干道热管辐射器使用了许多独立密封、易于更换的器件，使其具有很高的可靠性。单个热管辐射器单元的失效对整个主动热控系统的散热性能几乎没有影响。此外，热管辐射

① Chambliss和Ewert(1990)[6]指出，在LTV的设计中，外部热控系统每块轨道可替换辐射器单元所对应的冷凝器质量还包括14 kg(30.9lb_m)的接口夹紧机构的质量。

② 冷凝器本身的质量为6.80 kg(15.0lb_m)，包括接口机构和配套插槽的总质量为12.93 kg(28.5lb_m)。

③ 这一质量是针对6.71 m(22.0ft)的LTV干道热管。其中冷凝器长5.69 m(224.0in.)，宽0.61 m(24.0in.)。蒸发器宽0.23 m(9.0in.)。蒸发器和冷凝器之间的过渡区长0.33 m(13in.)。

器的更换也比流体管路辐射器容易。就安装空间而言，干道热管辐射器与基础流体回路辐射器相似。由于前期开展过大量工作，6.71 m 的干道热管辐射器还需要投入开发的成本较低，技术成熟度为 8。13.11 m 的干道热管技术成熟度为 6，还需要开展在轨测试对热管性能进行验证，这需要较高的开发成本。为易于安装，干道热管可进行弯曲。航天员在太空可对其进行更换。还可以将几个热管连接在一起，制成更大面积的空间辐射器。在行星上使用时，干道热管必须与行星表面平行，以避免重力对管内流动带来的不利影响。但是水平展开的干道热管辐射器会受到太阳的照射，这将大大降低其辐射能力。同样的道理，干道热管辐射器在地面的应用需求较低。

对该技术的综合定性评估如下：

- 技术成熟度①：8；
- 体积：一般；
- 安装：一般；
- 可靠性：提高；
- 研发成本：低；
- 地面应用潜力：无；
- 综合定性评估②：+1。

2.3.2 电液泵驱干道热管辐射器

一般情况下，热管依靠毛细力来保持工质循环流动。当达到工作极限时，工质会聚集在热管的冷凝端内，将导致辐射器单元停止工作。为了确保热管系统的正常工作，往往需要增加备份单元以保证热管满足工作负荷要求。Bryan（1995）[10] 提出给单个辐射器单元安装电液泵来增加单个热管的传输能力。这种设计可以防止工质在热管冷凝端内聚集，从而保证每个辐射器单元持续工作排散热量。对 2.3.1 节提到的干道热管，Bryan 建议去除冷凝端两个通道中的一个。这样，肋片效率将会从 0.925 降低到 0.763。增加的电液泵的质量和蒸发端两个通道的质量近似相等。常用干道热管包含有 2 个冷凝端通道和 6 个蒸发端通道。假定每个热管电液泵需要 2W 的动力，并且假设电液泵可以使 13.11 m 长的干道热管工作正常，以此作为分析的基础。在干道热管中使用电液泵时质量分析参见表 2－3。

表 2－3 电液泵对干道热管质量的影响

	不带电液泵的干道热管	带电液泵的干道热管③
蒸发端质量/kg	5.20	6.93
冷凝端质量/kg	33.81	22.54
热管工质质量/kg	1.87	1.87

① 6.71 m 干道热管的技术成熟度是 8，而 13.11 m 干道热管的技术成熟度仅为 6。

② 此评估针对 6.71 m 热管。13.11 m 热管的研发成本评估为“高”，综合定性评估得分为－1。

③ 相比没有电液泵的干道热管，带电液泵的干道热管蒸发器质量增加了 1/3，冷凝器质量则减小了 1/3。冷凝器质量减少不是 1/2 是因为每个热管的面板都是一样的，而使用电液泵后肋片效率降低了。

续表

	不带电液泵的干道热管	带电液泵的干道热管
电液泵能耗/kW	—	0.002
电液泵能耗转换质量/kg	—	0.95
总质量/kg	40.88	32.29

电液泵驱干道热管辐射器单位辐射面积的质量为 7.64 kg/m^2，总质量中包括外部热控系统接口。

受限于较低的肋片效率，电液泵驱干道热管辐射器的总体积稍大于现有基础热控系统辐射器。但是，该差别并不显著。这种辐射器和干道热管一样，其构造具有较高的可靠性。尽管针对干道热管进行了一系列的关键技术攻关和原理性测试，但电液泵的研制还需要开展大量工作，技术成熟度为 4。由于还需要开展进一步的轨道试验考核，电液泵驱干道热管辐射器需要较高的研发经费。该技术在地面应用方面还没有潜在的需求。

对该技术的综合定性评估如下：

- 技术成熟度：4；
- 体积：一般；
- 安装：一般；
- 可靠性：提高；
- 研发成本：高；
- 地面应用潜力：无；
- 综合定性评估：0。

2.3.3　轴向槽道热管辐射器

轴向槽道热管辐射器利用毛细力使热量在冷热界面间传输。轴向槽道热管的内壁面开有微小槽道，热管里密封有合适的工质。热管工作时，热管的热端工质蒸发吸收热量；而冷端工质冷凝同时释放热量。轴向槽道热管的实际工作原理与干道热管类似。在槽道热管内，沿热管的长度在内壁面设计有微小的槽道。当热管工作时，工质蒸气在热管中心的通道流动，而冷凝后的液体工质沿壁面的微槽道回流。与干道热管不同的是，槽道热管由内壁面的多个微槽道提供毛细驱动力，而干道热管仅由一个贯穿热管的沟槽提供毛细力（图 2-6）。

热管辐射器可以用来替换现有主动热控系统中的流体管路辐射器（Nguyen，1992）[11]。与流体管路通过辐射器不同，热管辐射器中利用热管与辐射器两侧的流体回路相连接，热管吸收外部流体回路中的热量，将其传送至辐射器向外排散。

热管辐射器比传统流体管路辐射器可靠性更高，即使空间碎片对热管辐射器造成损坏，这种损坏也往往仅局限于单根热管。由于热管只是取代了流体回路面板中的流体管路，而热管受损的概率相对于整个回路相当低，因此这不是该技术应用的重点考虑因素[12]。轴向槽道热管在其他航天器上已经使用验证过，其技术成熟度为 9。然而，轴向槽

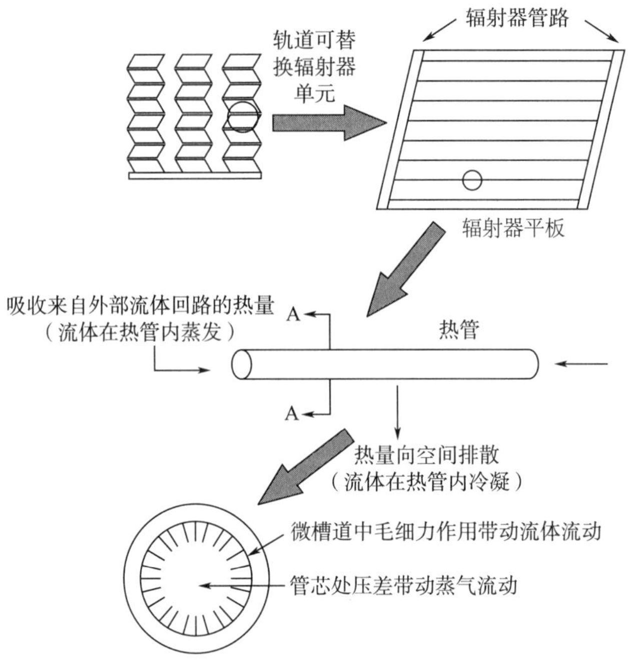

图 2-6　轴向槽道热管辐射器示意图

道热管辐射器的技术成熟度仅有 6。该系统的研发成本较低。该技术在地面可能有较好的应用。

对该技术的综合定性评估如下：

- 技术成熟度：6；
- 体积：一般；
- 安装：一般；
- 可靠性：一般；
- 研发成本：低；
- 地面应用潜力：可能；
- 综合定性评估：+1。

2.4　轻质辐射器

轻质辐射器采用轻质、高强度的材料来取代目前辐射器单元中的传统材料。一些特定任务对辐射器的强度和效率要求较高，采用轻质辐射器可以大大减小系统质量。另外，为了适应特定的应用环境，例如，行星表面环境与空间轨道环境不同，也需要对辐射器进行相应优化。

本节研究了几种轻质辐射器概念，与其他章节研究的一些特殊的传热装置不同，本节主要关注轻质辐射器的材料和结构。在分析中采用单位面积的质量来对辐射器进行评价，这种评价方式也为通常情况下应用轻质辐射器的减重指明了方向。减重贯穿于整个轻质辐射器的研究中。

2.4.1　复合材料流体管路辐射器

复合材料流体管路辐射器就是将复合材料应用于传统流体管路辐射器上，这种新技术正在开发用于取代或者是服务于当前用于舱外航天服便携式生命保障系统散热的水升华器（Cross，1996）[13]。这种复合材料流体管路辐射器的流道和面板均采用碳复合材料制造而成，其流道设计为矩形，在面板与流道壁面之间设计有微小间隙，间隙可抽真空或者填充低压氮气（10torr）。当间隙内填充有气体时，流道与辐射器表面之间传热较好；而当间隙中被抽真空后，在流道与辐射器之间只有辐射传热，热阻增大，可有效隔绝流道与外界的热交换，这也可以防止工质在低温环境中冻结（如图 2－7）。单侧散热的复合材料流体管路辐射器单位辐射面积质量为 8.21 kg/m^2，其中包括连接管路的质量，工质假定为氨。对于双侧散热的辐射器，单位辐射面积的质量为 4.67 kg/m^2，两侧辐射器与流道壁面间均采用间隙设计。

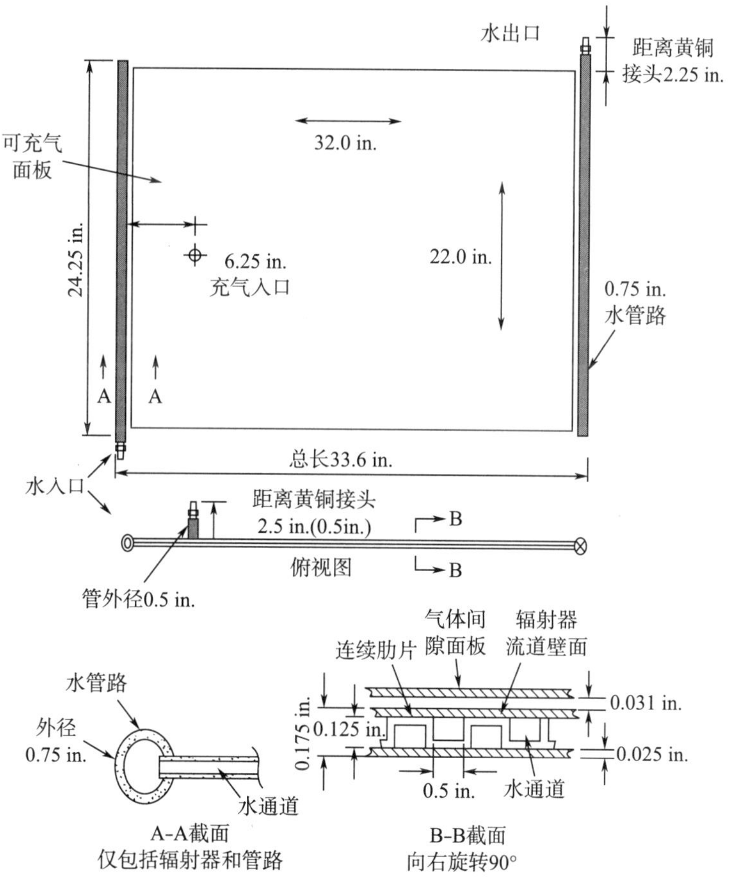

图 2－7　应用于舱外航天服散热的复合材料辐射器示意图（Cross 1996）[13]

这种新的辐射器设计还有多个问题需要解决。该设计创新性地设计了气体间隙，通过控制传导或辐射来控制辐射面热量排散的大小。这具有非常高的实用价值，当环境温度较高时可充分利用辐射器进行散热，而当环境温度较低时又可以防止辐射器工质不被冻结。目前的设计是用于舱外航天服，如果要用于航天器或居住舱，这套系统还相对笨重，目前还没有解决结构和布置的问题。但是在为舱外航天服设计时，这个辐射器的流道设计得十分紧凑，辐射器肋片效率几乎可达到1。如果进一步优化设计用于居住舱，还可以进一步降低单位面积辐射器质量。因此，尽管这种形式的辐射器还没有应用于航天器或居住舱热控系统的明确计划，但鉴于它的优点，还是对其进行了评估。

复合材料流体管路辐射器在很多方面类似于基础热控方案中金属流体管路辐射器。该设计的体积和安装处于一般水平。尽管防止辐射器流道内流动工质结冰的设计不同于传统流体管路辐射器的构造，其可靠性仍处于一般水平，技术成熟度为4。由于测试均可以在地面完成，该技术的研发成本为“一般”。该技术的地面应用，尤其是复合材料技术的地面应用，具有较好的前景。

对该技术的综合定性评估如下：

- 技术成熟度：4；
- 体积：一般；
- 安装：一般；
- 可靠性：一般；
- 研发成本：一般；
- 地面应用潜力：好；
- 综合定性评估：+1。

2.4.2　复合材料回流沸腾管辐射器

复合材料回流沸腾管辐射器①是将薄壁回流圆管安装于环氧树脂套筒内作为一个辐射器组件。辐射器需要在重力的作用下才能有效运作。每一个辐射器单元是一根直径为0.023 95 m，长为1.43 m的圆管，其冷凝段的长度为1.067 m，因此每个单元的辐射面积为0.080 27 m^2，由于没有翅片，肋片效率为1。相比于平板型辐射器，这种辐射器单元间可相互看见，因此辐射角系数不为1，角系数的大小取决于所选管子的构型。每一个辐射单元由薄壁钛管和包覆的环氧树脂外壁组成，环氧树脂为整个管路提供受力支撑。每一个辐射单元的质量为0.165 kg，其中包含0.020 kg的工质水（Thermacore，1995b）[14]。对于外部热控系统而言，如果要安装320根圆管，其界面接口的质量预计为35.62 kg（Blades，1996）②[15]。

① 早期的回流沸腾管辐射器的概念是超轻结构回流圆管辐射器。复合材料回流沸腾管辐射器是后期改进方案，它并没有超轻结构回流圆管系统相关的缺点。

② 这里对外部热控系统安装界面接口质量的评估是基于超轻结构回流圆管，因为其与基于回流沸腾管路的尺寸相近。

复合材料回流沸腾管辐射器的单位面积质量为 3.44 kg/m²。应用于行星表面的任务时，复合材料回流沸腾管辐射器与干道热管辐射器类似，环境中空间碎片对其威胁较小。必要时也可将外部热控系统其他组件屏蔽起来，而只将复合材料回流沸腾管辐射器暴露于空间。单个或几个辐射器单元受损并不会对整个系统的散热能力带来较大影响，因此其具有较高的可靠性。在某些情况下竖直安装更为有利，其安装布局与基础热控系统类似，所占体积空间也不会比基础热控系统大。由于其技术成熟度为 5，一些试验验证也可以在地面完成，因此其研发成本较低，在地面应用方面具有很好的前景。表 2-4 为复合材料回流沸腾管组件质量。

表 2-4　复合材料回流沸腾管组件质量

复合材料回流沸腾管组件	质量/kg
薄壁钛管/环氧树脂外套	0.145
工质（水）	0.020
每根管对应外部热控系统接口	0.111
每根圆管质量	0.276

对该技术的综合定性评估如下：

- 技术成熟度：5；
- 体积：一般；
- 安装：一般；
- 可靠性：提高；
- 研发成本：低；
- 地面应用潜力：好；
- 综合定性评估：+3。

2.4.3　复合材料热管辐射器

复合材料热管辐射器是在 2.3.3 节中提到的热管辐射器基础上进行轻质改进而成。在 Juhasz 等（1994）[16] 和 Juhasz 等（1995）[17] 的研究中，复合材料热管内部为铌-锆合金薄壁管，管外包裹 C-C 复合材料。合金管壁厚为 0.064 mm，采用铜为焊料将内管与复合材料外管焊接在一起。热管蒸发段长 0.076 m，蒸发段壁厚为 0.4 mm。热管截面为圆形，直径为 0.025 m。热管冷凝段长 0.914 m①，冷凝段肋宽为 0.05 m。热管总长约为 1 m，300 K 时热导率为 0.575 kW/（m·K）②。表 2-5 是复合材料热管辐射器的构成，表 2-6 是各部分质量。

复合材料热管辐射器的单位面积密度为 1.91 kg/m²。在行星表面应用时可将其垂直

① 辐射器对环境的辐射系数以及翅片效率是未知的，但都小于 1。为了解决这个问题，需要进行数值分析或相关试验。

② 这个热管的研究是由 NASA 刘易斯研究中心开展，用于将动力系统高温热源产生的热量向太空排散。本资料来自 Juhasz（1996）[18]。

安装。由于热管内含有毛细芯，稍加改进便可以在微重力环境下运行（Juhasz，1996）[18]，其安装空间与基础热控系统类似。目前，复合材料热管的关键技术攻关和样机测试都已完成，但是仍有待进行在轨应用所需的飞行测试。现在的技术成熟度为5。对于行星表面的任务应用，其研发成本较低，而在轨应用则偏高。复合材料热管辐射器与2.3.1节的干道热管相同，具有较好的冗余水平，因此可靠性较高。与2.3.3节中介绍的轴向槽道热管类似，该技术在地面也具有较好的应用前景。

对该技术的综合定性评估如下：

- 技术成熟度：5；
- 体积：一般；
- 安装：一般；
- 可靠性：提高；
- 研发成本：低；
- 地面应用潜力：好；
- 综合定性评估：+3。

表2-5 复合材料热管辐射器组成参数

复合材料热管辐射器组件	质量/kg	辐射面积/m^2
外部热控系统接口(每根热管)①	0.111	—
复合材料热管辐射器(无工质)	0.322	0.233 5
工质(每根热管)	0.014	—
总质量及面积(每根热管)	0.447	0.233 5

表2-6 复合材料热管辐射器组件质量（Juhasz等，1995）[17]

辐射器组成	组件质量/kg
C-C复合材料外壳	214.0
合金管道(含蒸发器)	41.2
封头	13.1
填充管	7.2
黄铜料	22.5
毛细芯	24.0
工质(液态金属)②	13.5
每块辐射器质量	335.5

① 外部热控系统接口假定与Blades(1996)[15]提供的类似组件相同。见2.4.2节。

② NASA路易斯研究中心进行了辐射器采用液态金属作为工质在高温(800 K)条件下应用的研究。另一方面，Juhasz和Rovang(1995)[17]指出，在400～450 K温区还可以使用不锈钢薄壁管和去离子水作为工质。这两种不同温区的辐射器质量相近(Juhasz,1996)[18]。

2.4.4　可展开式辐射器

可展开式辐射器与复合材料回流沸腾管辐射器一样，都是利用可回流的沸腾管作为热量传输及排散的基本组件，不同的是可展开式辐射器的冷凝管路是柔性而非刚性的。常压环境下不工作时，可展开式辐射器冷凝段处于折叠状态（Gernert 等，1994）[19]；工作时，管内工质蒸发，蒸气工质将冷凝管路撑开。与其他的回流沸腾管一样，可展开式辐射器需要在重力环境下运行。

可展开式辐射器原理试验件的截面为圆形，直径为 0.019 05 m，管长为 1.0 m，其中冷凝器段的长度为 0.951 m，每个辐射器单元可提供 0.056 94 m^2 大小的辐射面积（Thermacore，1995 a）[20]。由于样品没有翅片，其肋效率设为 1。与平板辐射器不同，可展开式辐射器与自身的其他部件相互可见，因此其辐射角系数不为 1，辐射角系数的大小取决于辐射器自身的构型。每一个可展开式辐射器由刚性的蒸发段与柔性的冷凝段组成。蒸发段通过安装接口与外部热控回路相连接。如果安装 320 根辐射器管路需要增加的安装接口质量约为 35.62 kg（Blades，1996）[15]。表 2-7 为复合材料可展开式辐射器组件质量。

表 2-7　复合材料可展开式辐射器组件质量

复合材料可展开式辐射器组件（Thermacore，1996）[21]	组件质量/kg
冷凝段	0.051
蒸发段	0.089
工质（水）	0.012
每根管路与外部热控系统接口	0.111
每根管质量	0.263

可展开式辐射器单位辐射面积的质量为 4.62 kg/m^2。在受空间碎片威胁较小的行星表面使用时，可展开式辐射器与干道热管应用十分相似。如果需要的话也可以将外部热控系统其他组件屏蔽保护起来，而仅将辐射器暴露在空间。单个或几个辐射器单元损坏并不会对整个系统的热排散能力带来较大影响。可展开式辐射器安装结构十分简单，采用垂直安装的方式更为有利。由于已开展了原理试验，其未来的研发成本为“一般”。技术成熟度为 4。与其他的轻型辐射器一样，可展开式辐射器所用到的复合材料技术在地面有较大的应用需求。

对该技术的综合定性评估如下：

- 技术成熟度：4；
- 体积：紧凑；
- 安装：简单；
- 可靠性：提高；
- 研发成本：一般；
- 地面应用潜力：好；
- 综合定性评估：+4。

2.5 其他散热技术

这一节将分析一些与辐射器相关的其他技术。例如，利用相变材料吸收短期峰值热负荷，提供辅助热沉；利用辐射器遮板在强辐照环境中为辐射器提供遮挡。

2.5.1 相变蓄热装置

相变蓄热装置热控的基本原理是，当相变材料与被控设备发热部件的界面温度升高到相变材料的熔点时，相变材料熔化吸收热量；反之，当界面温度下降时，相变材料凝固，释放潜热。

在外部热控系统应用相变蓄热设计，可利用辐射器面板内的空间填充相变材料（如石蜡）[①]。这些相变材料填充在辐射器面板内的流体回路管路周围。当航天器产生短时峰值热耗时，外部热控系统的工质流经辐射器面板，辐射器内的相变材料受热熔化，同时吸收回路内传输的热量。当航天器热耗水平较低时，流体工质从旁路流过，不再经过相变材料，相变材料降温固化。有两种情况适合采用相变蓄热装置。

一种情况是用相变蓄热装置来取代消耗性的热排散系统。消耗性的热排散系统主要用于在短时间内排散大功率热耗，如航天器再入返回过程中的热控散热，典型案例就是在航天飞机上采用的液氨蒸发器子系统（ABS）。

另一种情况是将相变装置作为辅助热沉与其他散热系统联合起来使用，例如辐射器或消耗性散热装置，尤其是与消耗性散热装置联合应用时，可减少消耗工质的排散[②]。如果将相变装置与辐射器联合应用，当辐射器散热能力高于航天器平均轨道周期热耗时，相变材料保持不变；而当辐射器散热能力低于航天器平均轨道周期热耗时，相变材料熔化，吸收热量，提供辅助散热。辐射器辐射热量随航天器轨道运行是变化的，即使是在全日照轨道这种方法也是适用的。图 2－8 是设想将相变蓄热装置应用于航天飞机上的示意图。可将相变材料填充在辐射器内[③]，或者装在辐射器管路的进出口位置[④]。

本研究中考虑了两种材料。水作为相变材料的热量密度[⑤]为 10.0 kg/kW · h，包括封装结构在内的热量密度相当于 18.0 kg/kW · h[⑥]。水在标准大气压下的凝固温度为 273 K，

---

① 相变蓄热装置中所用的相变材料应在设备最低工作温度下维持固态，但材料的熔点低于设备的最高工作温度。就像蜡烛中的蜡，在室温下是固体，但在火焰温度附近非常容易熔化。实际应用中，长链烷烃（化合物的一类，包括蜡）同样可作为相变材料。

② 例如，目前设计航天飞机使用燃料电池发电产生的水作为闪蒸器子系统的给水。今后，航天飞机中燃料电池产生的水可能被作为饮用水的来源，被运送到国际空间站或供给给航天飞机中的航天员使用以延长任务周期。利用相变蓄热装置节约闪蒸器子系统运行时消耗的水资源。

③ 蜂窝面板由铝制成，蜂窝可认为是有效延伸的表面翅片，通过翅片能够提供额外的传热路径，将热量由辐射器管路传递到辐射器表面。

④ 本研究中用热量密度这一参数估计相变蓄热装置的质量，包括其封装质量。但研究中并未假定相变蓄热装置一定安装在面板内部。

⑤ 热量密度被定义为 1/单位质量熔化热。

⑥ 封装质量估计占相变蓄热装置总质量的 80％。

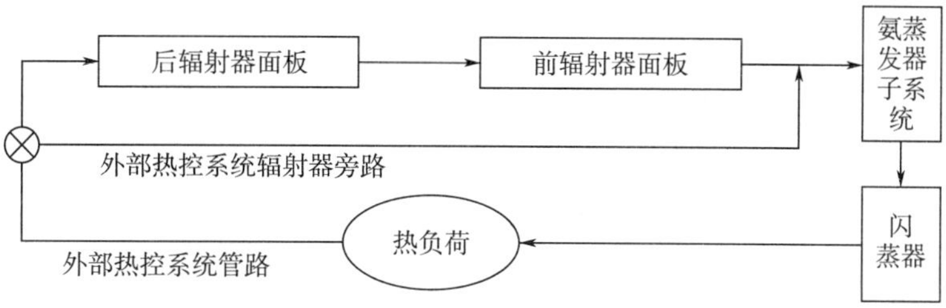

(a) 现行航天飞机热控示意图

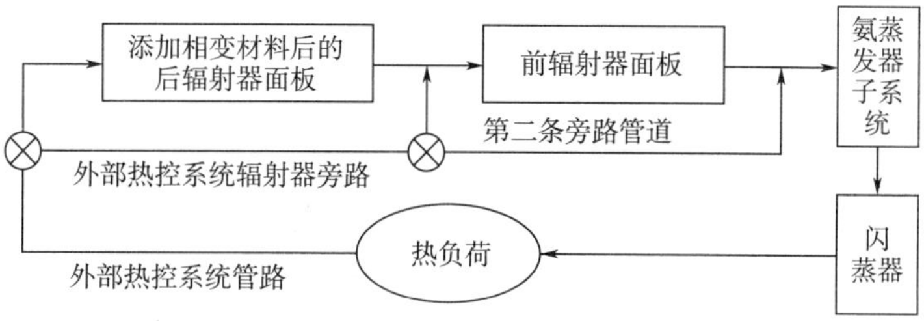

(b) 采用相变材料后的航天飞机的热控示意图

图 2-8　航天飞机的热控示意图

且水在凝固后会膨胀。另一种材料为长链烷烃，比如正十二烷，其作为相变材料的热量密度为 16.8 kg/kW · h，包括封装结构在内的热量密度相当于 30.2 kg/kW · h。正十二烷在标准大气压下 263.6 K 时会固化。正十二烷作为烷烃的代表，可以在很宽的温度范围内作为相变材料[①]，而水一般只应用于 273.2 K 左右。

从定性分析的角度看，相变蓄热技术具有很多优势。由于相变材料可填充于辐射器面板内，因此不会占用额外的空间，安装也十分方便，相变蓄热装置的可靠性与当前热控系统相当。虽然这是一种被动热控技术，但系统也需要传感器和控制阀进行闭环控制，因此其可靠性可评估为"一般"。尽管相变蓄热技术已经过在轨应用，但其任务技术成熟度为 5。未来应用于其他任务的研发成本可评估为"一般"。在地面可用于高温环境的人员防护服；也可用于对硬质材料的切割成形过程中的设备冷却；此外，也可以将相变材料作为保温材料使用。

对该技术的综合定性评估如下：

• 技术成熟度：5；
• 体积：紧凑；
• 安装：一般；
• 可靠性：一般；
• 研发成本：一般；
• 地面应用潜力：好；
• 综合定性评估：+2。

① 各种烷烃的熔点不同，但它们的热量密度与正十二烷大致相同。

2.5.2 抛物面辐射器遮板

抛物面辐射器遮板提供了一种用来降低辐射器周围有效热沉温度的方法。遮板上表面类似镜面，下表面为灰色，这样的设计可以有效地将太阳辐射和月球表面的红外辐射反射到空间（Ewert 等，1991，Keller，1994 和 Ewert 等，1995）[22~24]。具体地说，遮板的弧形结构将来自外部投射来的太阳辐射向着辐射器上方的焦线反射出去，遮板下方的表面涂层可将行星表面的热辐射反射出去（图 2-9）。遮板的安装需要进行精心排布以确保白天太阳入射始终与辐射器平行，否则遮板将会把太阳辐射反射至辐射器上，对辐射器散热造成不利。在月球上使用时，由于月球相对其轨道平面仅有 1.53°的倾角，因此遮板最理想的使用位置是月球赤道，但也可以应用在月面的其他位置。

带遮板的辐射器的体积尺寸与标准辐射器相当，甚至可以更为紧凑。对长期任务来说，辐射器遮板的安装类似于大型流体管路辐射器系统。对于行星着陆器，舱外活动要求对遮板系统进行合理的布置，这就比一般安装于着陆器上的辐射器的展开要复杂。应用于短期任务时，其可靠性与标准组件相当；应用于长期任务时，遮板表面会被尘埃覆盖，从而使遮挡效率大大降低，这需要引起重视。解决这一问题就需要更换辐射器遮板。这项技术的技术成熟度为 5，还需要进行一些测试，其研发成本评估为一般。目前在地面还没有相关应用的需求。

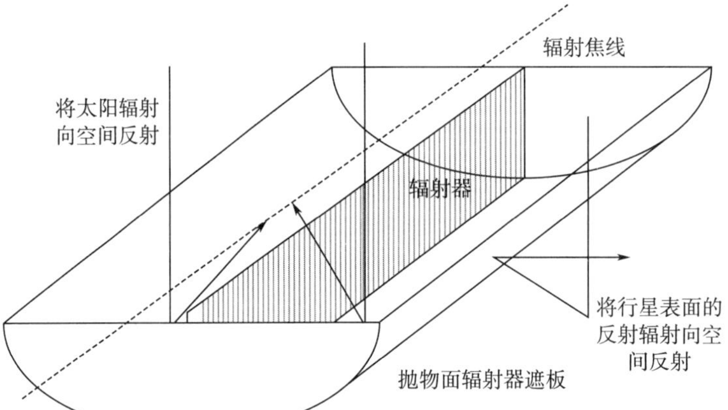

图 2-9 抛物面辐射器遮板

对该技术的综合定性评估如下：

- 技术成熟度：5；
- 体积：一般；
- 安装①：一般；
- 可靠性：一般；
- 研发成本：一般；

① 对于那些对装置有较高要求的任务，安装的评估将是“困难”，综合定性评估得分为“-2”。

• 地面应用潜力：无；
• 综合定性评估：−1。

2.6　附加技术

与前面介绍的热控技术不同，下面介绍的这些传热技术较为特殊，它们的使用可以为热控系统的优化带来益处。

2.6.1　流体管路转动关节

在国际空间站热控系统中，辐射器分成两组，每组由 3 个可替换辐射器单元组成。每组辐射器安装在可旋转的辐射器关节上，以保证辐射器与太阳辐射保持平行状态，这种布置方式可使得辐射器对太阳辐射的吸收降到最低。为使主动热控系统的流体从国际空间站传输到辐射器，每个辐射器旋转关节都需要有一个流体管路转动关节。

流体管路转动关节是一种 360°旋转装置，它不但要保证流体工质的密封，还要能对冷热流体进行隔离（Harwell 1992）。通过旋转使辐射器与太阳入射保持平行。设计的流体管路转动关节质量为 10.9 kg，体积约为 0.012 7 m^3。今后，流体管路转动关节希望能设计得可靠性更高，体积更小，这样就可以满足更长的工作寿命要求，同时遭受空间微流星撞击的概率更低，也更易于更换。流体管路转动关节的尺寸和质量都比泵小，因此更易于航天员独立完成相关维护操作。流体管路转动关节也存在一些不足，长期使用磨损后，流体通道之间的密封可能会出现一些小的渗漏，但这种问题并不突出。此外，流体管路转动关节与现有的连接器在尺寸上有较大差异，所以，在国际空间站的升级改进时成本较高。

尽管流体管路转动关节技术研究工作已经中断，但其关键技术攻关已经完成，其技术成熟度为 7，未来的研发成本较低。地面应用方面，该技术能生产通用的低渗漏转动接头，旋转速率小于 45°/min，可以用于一些大型工业设备。

对该技术的综合定性评估如下：

• 技术成熟度：7；
• 体积：紧凑；
• 安装：简单；
• 可靠性：一般；
• 研发成本：低；
• 地面应用潜力：可能；
• 综合定性评估：+3。

2.6.2　植物舱冷却改进技术

再生生命保障系统对于载人长期任务而言具有重要意义。特别地，植物培育舱能够给未来的空间探索提供食物及氧气补给。这里研究的重点是利用更多高可靠性、轻质的装置替换现有材料，从而对植物培育舱进行改进。

本书研究中用于参照的、由 NASA 建造的植物培育舱已在得克萨斯州休斯顿的约翰逊航天中心测试后完成组装。Jerng（1991）[25]和 Barta，Dominick，Kallberg（1995）[26]对这个 10 英尺大的再生生命保障系统测试舱进行了详细的描述，该植物培育舱相关参数如表 2－8 所示。

表 2－8　植物舱相关参数

结构参数	
舱段体积	13.7 m^3
农作物培育盘面积	1.43 m^3
农作物培育盘数量	4
培育灯数量	32
总培育面积	5.72 m^2
单位面积植物质量(小麦)①	21.7 kg
最大能耗/热负荷②	
空气循环风扇/风机③	1.9 kW
照明	
高压钠灯	12.8 kW
整流器	2.3 kW
回热器④	3.0 kW
总能耗/热负荷	20.0 kW
能源需求	连续
能耗转换质量	15 000 kg

图 2－10 给出了一个植物培育舱示意图。总体上，新设计的植物培育舱与现有的植物培育舱结构形式类似，体积相当，安装布置相同。由于设备得到了改进，其可靠性有所提高。一些测试及研究工作已经完成，其技术成熟度为 5。未来开发应用的成本较低，一些农业产品公司与实验室对该技术可能感兴趣，对于需要在精确控制的环境中生长的小型高附加值的植物具有特别的意义。由于几乎没有用户需要这种完全隔离的舱段用于植物的生长培育，因此该技术在地面的应用前景较差，但是舱段中的部分组件在地面的应用却是有可能的。

图 2－10 显示了两组植物生长盘和培育舱环境控制设备。冷板及换热器使用液态水作为流体工质，回热器是一个电阻加热装置，箭头指示方向为气流方向。

① 该数据来自采用高压钠灯的可变压力培养舱。

② 这些功率数据都是所列系统的输入功率。由于所有的输入功率均假定最终将转变为热量，需要进行排散，所以输入功率即相关设备的热负荷。

③ 频率估计为 45 Hz。

④ 回热增大了返回植物培养舱空气的温度。在一些情况下，为了控制舱内生长室的湿度，需将空气冷却至低于返回气流设定的温度，在去除多余的水蒸气后，通过回热器对返回植物培养舱的空气进行加热。

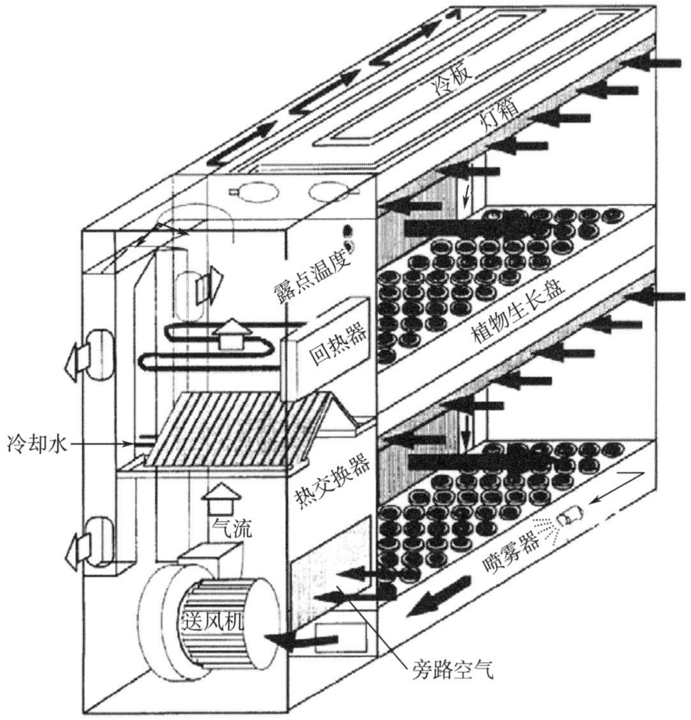

图 2-10　植物培育舱示意图

对该技术的综合定性评估如下：

• 技术成熟度：5；
• 体积：一般；
• 安装：一般；
• 可靠性：一般；
• 研发成本：低；
• 地面应用潜力：可能；
• 综合定性评估：+1。

2.6.3　碳刷热交换器

热量在两个有间隙的平板间传递是一个常见的问题，尤其是真空的间隙会增加传热的热阻。一种解决方法是在接触表面上垂直安装小翅片填充间隙。当两个表面的小翅片相互啮合后，便形成一个翅片辐射界面，热量可在界面间通过辐射传递。Knowles（1995）[27]给出了该装置界面的传热系数，为 60 W/（m^2·K）。

另一种解决方法就是在接触表面的间隙间安装细小的碳纤维，这样热量不仅可以通过辐射传输，还可以通过碳纤维间的啮合实现传导。这种设计形成了一个碳刷接触面，尽管这种接触面与辐射翅片接触面相似，但由于碳纤维增加了辐射面积与热传导接触面积（如

图 2-11)，其界面传热系数可达 2 500 W/（m^2·K）（Knowles，1995）[27]。

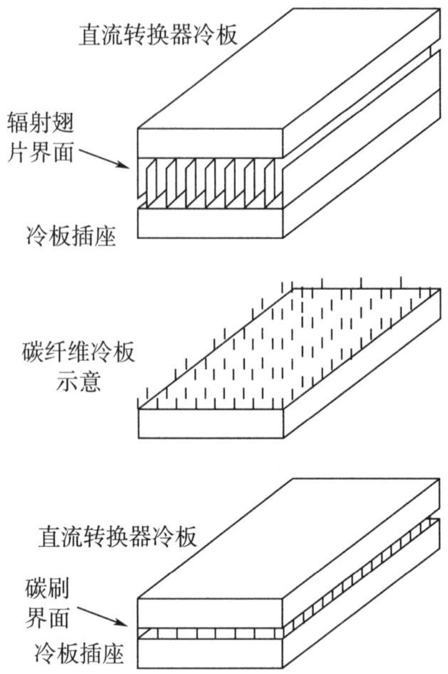

图 2-11　辐射翅片及碳刷换热器

目前安装在冷板上的直流转换器单元，是利用辐射翅片传热的。铝制翅片高 0.050 8 m，厚度为 762 μm，沿冷板长度方向布置①。为了减重及提高直流转换器降温效率，可用碳刷替换辐射翅片。一维热传导分析显示，该替换使得界面传热系数增加了将近两个数量级。

总体上，碳刷热交换器具有极佳的性能，碳刷的体积比辐射翅片稍小。设备单元使用碳刷的安装复杂度与现有设计相同。碳刷非常可靠且价格便宜，因为该研究的理论基础非常充分，技术成熟度为 5，研发成本也很低。对于地面应用，该技术能够用于高热流电子设备冷却。该技术主要的劣势是碳刷换热器有可能在操作的过程中产生小纤维碎片，可以考虑组件封装等技术，使碎片危险降低。

对该技术的综合定性评估如下：

- 技术成熟度：5；
- 体积：一般；
- 安装：一般；
- 可靠性：提高；
- 研发成本：低；
- 地面应用潜力：好；
- 综合定性评估：+3。

① 这些尺寸是设计应用于国际空间站中的系统。其他系统中的尺寸可通过类比进行假定。

2.7　总结

通过前面的分析，对各种热控技术的定性评估总结如表 2－9 所示。

表 2－9　先进主动热控系统方案技术定性评估总结

方案		定性评估					
		体积	安装	可靠性	研发成本	地面应用潜力	综合定性评估
2.1 两相热控技术							
2.1.1	具有机械泵/分离器的两相热控技术	0	0	0	＋1	－1	0
2.1.2	低能耗两相热控技术	0	0	0	0	－1	－1
2.1.3	电液泵驱动两相热控技术	0	0	＋1	0	＋1	＋2
2.1.4	毛细泵回路	0	0	＋1	0	－1	0
2.2 热泵							
2.2.1	蒸气压缩热泵	0	0	－1	＋1	＋1	＋1
2.2.2	太阳能蒸气压缩热泵	＋1	0	－1	＋1	＋1	＋2
2.2.3	络合物热泵	＋1	0	0	0	0	＋1
2.2.4	沸石热泵	＋1	0	0	0	0	＋1
2.3 热管辐射器							
2.3.1	干道热管辐射器	0	0	＋1	＋1	－1	＋1
2.3.2	电液泵驱干道热管辐射器①	0	0	＋1	－1	—	0
2.3.3	轴向槽道热管辐射器	0	0	0	＋1	0	＋1
2.4 轻质辐射器							
2.4.1	复合材料流体管路辐射器	0	0	0	0	＋1	＋1
2.4.2	复合材料回流沸腾管辐射器	0	0	＋1	＋1	＋1	＋3
2.4.3	复合材料热管辐射器	0	0	＋1	＋1	＋1	＋3
2.4.4	可展开式辐射器	＋1	＋1	＋1	0	＋1	＋4
2.5 其他散热技术							
2.5.1	相变蓄热	＋1	0	0	0	＋1	＋2
2.5.2	抛物面辐射遮板	0	0	0	0	－1	－1
2.6 附加技术							
2.6.1	流体管路转动关节	＋1	＋1	0	＋1	0	＋3
2.6.2	植物舱冷却改进系统	0	0	0	＋1	0	＋1
2.6.3	碳刷热交换器	0	0	＋1	＋1	＋1	＋3

注：得分标准见表 1－2。

① 这是一个组合的技术，所以没有提供地面应用潜力的评估。其他评估是根据各个组件综合确定的。

对于采用先进技术的辐射器，不同类型的辐射器其单位面积的质量相差较大。对于航天器及居住舱，如果采用基本的单相流体回路和铝制辐射器，在忽略翅片效率损失的情况下，单位面积辐射器质量约为5.0～8.5 kg/m^2。表2-10总结了采用不同先进技术辐射器的单位面积辐射器质量。单位面积辐射器质量是基于总辐射器质量除以辐射表面积，总质量包含流体工质的质量。

表2-10　先进热控辐射器的质量/面积比

方案		单位辐射面积质量/(kg/m^2)	翅片效率	单面辐射面积有效质量①/(kg/m^2)
2.3 热管辐射器				
2.3.1	13.11 m干道热管辐射器	8.80	0.925	9.51
2.3.1	6.71 m干道热管辐射器	9.88	0.925	10.68
2.3.2	电液泵驱干道热管辐射器	7.64	0.763	10.01
2.4 轻质辐射器				
2.4.1	复合材料流体管路辐射器(单面辐射)	8.21	～1.00	8.21
2.4.1	复合材料流体管路辐射器(双面辐射)	4.67	～1.00	4.67
2.4.2	基于复合材料的回流沸腾管辐射器	3.44	1.00	3.44
2.4.3	复合材料热管辐射器②	1.91	0.97	1.96
2.4.4	可展开式辐射器	4.62	1.00	4.62

① 单位辐射面积的有效质量是单位辐射面积质量除以翅片效率。

② 基于复合材料的热管辐射器的翅片效率采用热综合系统(TSS)和SINDA/FLUINT模拟计算得出。其真实值是未知的。

第3章 轨道任务

与地面大气环境相比较，航天器在进行轨道任务时有其独特的地方，航天器在空间轨道飞行时处于一个微重力的真空环境之中。对于低轨道航天器，每一个轨道周期大约在两个小时以内。受地球遮挡的影响，航天器在飞行时还有可能在光照区与阴影区之间反复穿行。

3.1 国际空间站的改进

3.1.1 背景任务

研究假设现有的国际空间站热控系统（Thermal Control System，TCS）中轨道可替换辐射器单元在 20 年后需要进行替换，并增加新的辐射器单元。目前的辐射器由两组共 6 个轨道可替换辐射器单元组成，由于受空间碎片撞击、光学特性退化等其他因素的影响，需要对 6 个轨道可替换辐射器单元进行更新替换。此外，假设在 20 年后国际空间站需要增加两个太阳电池阵模块，使得美国舱段的在轨能源供应从 75 kW 提升到 95 kW，而这多出来的 20 kW 在轨功耗，最终也需要通过热控系统排散到空间，因此，经过热控系统改造升级后的空间站将是一个全新的空间站。

3.1.2 基础方案

国际空间站主动热控系统（ATCS）的要求（Howell，et al.，1994）[28]：

1）热控系统由两个独立的流体回路组成（回路 A，回路 B），其中回路 A 位于空间站 S1 段，回路 B 位于空间站 P1 段。两个流体回路分别利用液氨工质将热量从内部热控系统携带到位于外部热控系统的辐射器上（如图 3-1 所示）。

2）假设每个回路的热负荷相同，当回路流量为 0.159 1 kg/s，入口温度 T_{in}=283.3 K，设定温度 T_{sp}=275.4 K 时，稳定运行状态下每个轨道可替换辐射器单元散热量不小于 11.67 kW。

3）经过外部热控系统辐射器降温后的氨工质温度区间应在 199.8～273.7 K 之间。

4）进入外部热控系统辐射器的氨工质温度区间在 280.8～285.9 K 之间。

5）每个轨道可替换辐射器单元的质量不能大于 1 070 kg，加上辐射器中工质的质量，总质量不能大于 1 104.9 kg①

6）每个轨道可替换辐射器单元有 129.8 m^2 的辐射换热面积，单位面积的辐射器对应

① 详情见表 3-1。

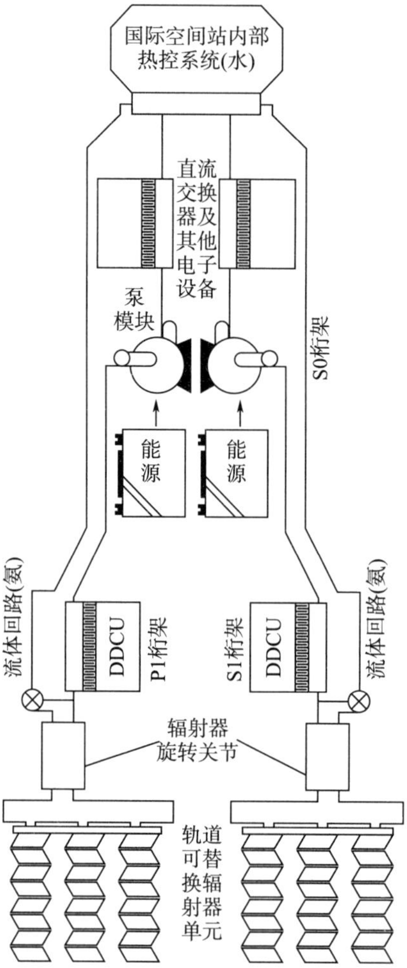

图 3-1 国际空间站基础外部热控系统

的质量为 8.51 kg/m²。

7）两个氨回路质量流量分别为 1.121 kg/s 和 0.958 kg/s。各回路对应的总压降分别为 386 100 Pa 与 296 500 Pa，假设流体工质密度为 635.9 kg/m³（温度为 275.4 K 下的饱和液氨），驱动流体流动所需的功率为 1.130 kW。所使用的两个泵额定功率均为 2.650 kW，因此，泵系统的效率需要大于 42.6%才能满足要求。

8）当流体经过任何一个轨道可替换辐射器单元，压降在 34 470 Pa 与 48 260 Pa 之间。假设流体温度为 275.4 K，经过辐射器的最大质量流量为 0.954 6 kg/s，工质在辐射器内流动所需功率为 72.5 W。在不考虑其他能耗的情况下，假设泵的效率为 0.45，则需要具备 161.1 W 的泵功才能驱动工质在辐射器内流动。

以上设计适用于热负荷均匀分配给回路 A 和 B 的情况。

9）当前辐射器设计：每个轨道可替换辐射器单元使用 8 块辐射面板。每块辐射面板沿空间分布 22 个管路，辐射面板中心区域管路翅片的有效面积小于边缘区域。经分析，工质流量为 0.159 1 kg/s，入口温度 T_{in}=283.3 K 时，稳定运行状态下每个轨道可替换辐射器单元的散热量为 11.67 kW。轨道可替换辐射器单元的干重为 1 088.38 kg，包含有流体工质的总质量为 1 123.5 kg。轨道可替换辐射器单元各组件质量分解如表 3-1 所示，该基础方案轨道可替换辐射器单元采用液氨为工质。

1994 年 3 月 30 日，外部热控系统辐射器主要研制单位（Loral Vought Systems）给出了以上设计信息（Howell，et al.，1994）[28]。

表 3-1　国际空间站主动热控系统轨道可替换辐射器单元

分类	数量	总质量	
		kg	lb_m
基础结构	1	200.81	442.72
剪力梁和铰链	1	92.76	204.50
扭矩面板和支撑杆	1	47.26	104.20
紧固机构	6	23.26	51.27
展收机构	1	34.40	75.85
驱动电机	1	11.39	25.12
伸缩软管及内埋管	8	246.68	543.84
轨道可替换辐射器单元组成面板	7	358.37	790.07
轨道可替换辐射器单元组成面板	1	50.83	112.06
电气	1	9.71	21.40
装配硬件	1	8.92	19.66
波音公司设备	1	3.99	8.80
总干重（每个轨道可替换辐射器单元），1994 年 3 月 29 日		1 088.38	2 399.49
总干重（每个轨道可替换辐射器单元），1994 年 9 月 28 日		1 070.0	2 359.0
工质氨（评估值）		34.86	76.86

10）表 3-2～表 3-8 所示为国际空间站全部内外热控系统部件的质量（NASA，1994）[29]。

表 3-2　每个轨道可替换辐射器单元主动热控系统结构部件质量统计

主要结构硬件	总质量	
	kg	lb_m
辅助硬件	552.9	1219.0
骨架结构	95.3	210.0
主桁架结构	3 286.2	7 244.8
辐射器系统总管路	1 210.0	2 667.6
储液器及泵结构	298.0	657.0
热控系统支撑结构	68.0	150.0

续表

主要结构硬件	总质量	
	kg	lb_m
辐射器旋转热关节		
旋转关节	306.0	674.6
柔性管路连接器	158.8	350.0
热关节扭矩箱	138.3	305.0
合计	6 113.5	13 478.0

表 3-3　国际空间站外部主动热控系统总质量

国际空间站外部主动热控系统硬件（除结构和电缆）	总质量	
	kg	lb_m
P1 桁架段		
直流变换器冷板	51.1	112.6
工质(氨和氮)	322	710
仪表及传感器	352.2	776.4
泵模块	332	731.9
辐射器主管路阀门	104.2	229.8
轨道可替换辐射器单元(3 个)	3 210.1	7 077
其他	570.5	1 257.8
S0 桁架段		
冷板	469	1036
管道及器具	249.7	550.6
S1 桁架段		
直流变换器冷板	51.1	112.6
工质(氨和氮)	322	710
仪表及传感器	352.2	776.4
泵模块	332	731.9
辐射器主管路阀门	104.2	229.8
轨道可替换辐射器单元(3 个)	3 210.1	7 077
其他	581.9	1 282.8
节点舱 2		
热交换器	209.6	462.0
加热器	12.5	27.5
美国居住舱		
热交换器	45.4	100.0
其他	25.9	57.1

续表

国际空间站外部主动热控系统硬件（除结构和电缆）	总质量	
	kg	lb_m
美国实验室		
热交换器	55.5	122.3
其他	4.8	10.5
合计	10 968.9	24 182.0

表 3-4　国际空间站其他主要主动热控系统部件质量

其他主动热控系统硬件	总质量	
	kg	lb_m
管路系统①	3 363.2	7 414.6
每个外部热控系统回路氨工质②	191.8	422.9
科学能源平台辐射器③	1 000.2	2 205.0

表 3-5　国际空间站内部主动热控系统部件质量

国际空间站内部主动热控系统硬件（除结构和电缆）	总质量	
	kg	lb_m
美国/俄罗斯通用气闸舱	169.4	373.5
节点舱 1	269.0	593.1
节点舱 2	416.9	919.1
美国居住舱	849.4	1 872.7
美国实验室	1 037.0	2 286.1
合计	2 741.7	6 044.5

表 3-6　国际空间站外部主动热控系统组成所占质量比例（结构部件除外）

分类	所占外部热控系统质量比例/%
冷板	4.1
热交换器	2.5
轨道可替换辐射器单元	50.8
泵模块	5.3
仪表及传感器	6.1
工质（氨和氮）	5.1
管路	16.5
辐射器旋转热关节组件	9.6

① 来自 Ungar(1995)[1]。

② 来自 Wuestling(1994)[53]。

③ 来自俄罗斯的硬件。

表 3-7　国际空间站外部主动热控系统各部组件所占质量比例

分类	所占外部热控系统质量比例/%
冷板	2.1
热交换器	1.3
轨道可替换辐射器单元	25.9
驱动泵模块	2.7
仪表及传感器	3.1
工质(氨和氮)	2.6
管路	8.4
主要结构	31.6
辐射器旋转关节组件	4.9
辐射器主管路	9.7
其他热控系统结构	2.9
其他	4.8

表 3-8　国际空间站 P1 桁架段质量分解

P1 桁架段硬件(包括结构单元)	质量	
	kg	lb_m
额外机械设备	112.9	248.9
额外管线	1 283.7	2 830.1
天线和相机	375.3	827.4
辅助硬件	552.9	1 219.0
乘员舱设备、转移、装配平台	319.8	705.1
指令及数据处理系统	289.7	638.6
直流变换器单元及连接盒	129.2	284.9
外部热控系统专用设备		
直流变换器单元冷板	51.1	112.6
工质(氨和氮)	322.0	710.0
仪表及传感器	352.2	776.4
泵模块	332.0	731.9
辐射器主管路阀门	104.2	229.8
轨道可替换辐射器单元(3 个)	3 210.1	7 077.0
其他	570.5	1 257.8
配套系统	253.6	559.1
P1 骨架结构	95.3	210.0
P1 主要桁架结构	3 286.2	7 244.8
被动热控装置	129.0	284.3
辐射器系统总管路	1 210.0	2 667.6
远程电源控制模块	72.2	159.2

续表

P1 桁架段硬件(包括结构单元)	质量	
	kg	lb_m
RJMC	70.9	156.2
辐射器支撑结构	4.5	10.0
储液器及泵结构	298.0	657.0
热控系统支撑结构	68.0	150.0
辐射器旋转热关节		
热关节扭矩箱及联接器	679.9	1 498.9
分配系统		
支撑结构	428.2	944.0
合计	14 601.4	32 190.6

结构及机械部件分解如表 3－8 所列。国际空间站实际在轨运行时，上述功能部件的替换难度较大。

太阳能电池阵热控系统（PV－TCS）虽然独立于主热控系统，但是情况与主热控系统类似，必要时可以更换，研究该系统的减重是十分必要的。当空间站满负荷运转时，需要接入 4 个太阳能电池阵模块提供电能。每个模块安装两台外部直流转换器（DDCU－E）与一个轨道可替换辐射器单元。太阳能电池阵热控系统轨道可替换辐射器单元体积更小。研究将简要地分析更换太阳能电池阵热控系统辐射器和 DDCU－E 接口。表 3－9 给出了相关的质量基础。

表 3－9　太阳能电池阵热控系统质量

太阳能电池阵热控系统硬件(S4,S6,P4 和 P6 段)	每段数量	质量	
		kg	lb_m
直流变流单元	2	63.5	139.9
轨道可替换辐射器单元	1	618.0	1 362.5

3.1.3　背景任务的实施

运行 20 年后，如果要替换国际空间站热控系统，并增加散热性能，共需要配置 8 个轨道可替换辐射器单元。8 个轨道可替换辐射器单元被划分为 3 组（3 组辐射器系统分别包含 3、3、2 个轨道可替换辐射器单元）。两组由 3 个轨道可替换辐射器单元组成的辐射器系统分别安装在国际空间站的 S1 段和 P1 段，另外一组由 2 个轨道可替换辐射器单元组成的辐射器系统安装在国际空间站的 P0 段。改进升级后的 3 组辐射器系统将替换现有国际空间站的两组辐射器系统，从而大幅提升国际空间站热控系统的散热能力。表 3－10 为 P0 段辐射器系统的质量分解。

增加一组辐射器系统后，国际空间站外部热控系统设备（不包括结构和管路部分）的总质量将达到 14 280.7 kg（如表 3－3 与表 3－11 所示），外部热控系统所使用的氨工质总质量将达到 453.3 kg，单个外部热控系统回路循环的氨工质质量则为 226.7 kg①。如果泵的效率为 0.45，驱动氨工质流经 8 个轨道可替换辐射器单元所需的功率为 215 W。泵所需的总功率为 2 704 W。假设当连续工作时泵的能质代偿系数为 476 kg/kW，由此可得出功耗转换成质量后的值为 1 287.1 kg。表 3-12 为能质代偿系数的详细组成。因此，国际空间站外部热控系统总质量为 15 567.8 kg。

表 3-10　P0 段辐射器系统质量分解

P0 段模块(包括结构组件)②	总质量	
	kg	lb_m
辅助硬件	414.7	914.2
直流变换器，冷板及连接箱	180.3	397.5
用于两个轨道可替换辐射器单元的专用外部热控系统	3 260.7	7 188.6
P0 段主桁架和骨架结构	2 254.3	4 970.0
被动热控系统设备	129.0	284.3
辐射器系统总管路	806.7	1 778.4
储液器及泵结构	198.7	438.0
热控系统结构支撑	45.4	100.0
辐射器旋转热关节、扭矩箱及联接器	679.9	1 498.9
其他	2 408.1	5 309.0
合计	10 377.8	22 878.9

表 3-11　未来 20 年外部主动热控系统增加总质量

外部主动热控系统硬件(除结构组件)	增加的质量	
	kg	lb_m
P0 桁架集成		
直流变换器冷板	51.1	112.6
工质(氨和氮)	214.7	473.3
仪器及传感器	234.8	517.6
泵模块	221.3	487.9
辐射器主管路阀门	69.5	153.2
轨道可替换辐射器单元(2 个)	2 140.0	4 718.0
其他	380.4	838.5

① 实际上，工质的总质量可能比文中所列的更多，因为外部热控系统与附加辐射器之间管路中的工质并未计算在内。如果任何额外容积都计算在内，外部热控系统的工质质量将进一步增大。

② P0 段的部件主要是参照表 3-8 中给出的 P1 段部件分解。有些 P0 段部件质量较小是由于 P0 段只有 2 个可替换辐射器单元，而不是其他段的 3 个可替换辐射器单元。具体来说，考虑可替换辐射器单元的安装，保守估计 P0 段中“附加部件”和“其他”部分的质量分别只有 P1 段对应部分的 3/4，“主桁架和骨架结构”“辐射器系统总管路”“箱及泵结构”和“热控系统结构支撑”的质量均只有 P1 段对应部件的 2/3。

续表

外部主动热控系统硬件(除结构组件)	增加的质量	
	kg	lb_m
合计	3 311.8	7 301.1

表 3-12　国际空间站能质代偿系数组成

能耗来源	能质代偿系数/($kg/kW_{supplied}$)
太阳能电池阵	50
存储	
电池	157
热控系统	80
能量管理及分配	54
结构	135
连续工作时总的能质代偿系数	476

该背景任务的一个主要缺点是需要额外增加桁架用于安装增加的轨道可替换辐射器单元，需要对国际空间站的主要结构进行重新设计。这可能会导致国际空间站等待完全投入运行的周期增长，最终导致方案不可行。

3.1.4　参数研究

参数研究经常用于对关键参数进行敏感性分析，通过仔细分析来准确确定这些参数，得到最优的设计参数组合。基于一些通用的外部热控系统设计参数，通过该研究可获得国际空间站外部热控系统散热能力的变化范围。

基础方案的简化模型可以通过单个轨道可替换辐射器单元的热平衡来计算。液氨流过辐射器排散的热量等于辐射器的净散热量。所以

$$\frac{dE}{dt}=\dot{E}_{generated}+\dot{E}_{in}-\dot{E}_{out}$$

假设和约束条件：

1）辐射器热传输稳态运行，不存在内部产热。

2）辐射器表面平均温度 $\overline{T}_p$ 与工质氨平均温度 $\overline{T}$ 之间的温度差是热沉温度 T_e 的线性函数，如下

$$\overline{T}-\overline{T}_p=-0.05T_e+13.88\ \mathrm{K}$$

该模型的基本数值（Andish，1995）[30] 如下

T_e		$\overline{T}-\overline{T}_p$	
K	°F	K	°F
244.3	−20	1.7	3
210.9	−80	3.3	6

3）轨道可替换辐射器单元翅片效率 $\eta(T_e)$ 是热沉温度 T_e 的线性函数，如下所示

$$\eta(T_e)=0.002\,04\frac{1}{K}T_e+0.38$$

该模型的基本数值如下（Farner，1995）[31] 和（Ungar，1995）[1]：

T_e		η
K	℉	
240.0	−27.7	0.87
249.8	−10.0	0.89

4）通过液氨平均温度计算的平均比热容，可用于热传输计算。公式如下：

$$\bar{c}_p(\overline{T})=0.008\,286\frac{\text{kW}\cdot\text{s}}{\text{kg}\cdot\text{K}^2}\overline{T}+2.424\frac{\text{kW}\cdot\text{s}}{\text{kg}\cdot\text{K}}$$

通过计算可以算出每个轨道可替换辐射器单元的散热量，每个轨道可替换辐射器单元包含 8 块辐射器。目前的国际空间站热控系统使用 6 个轨道可替换辐射器单元。劳拉-沃特系统提供了 LVS 工况的基本参数用于计算（Howell 等，1994）[28]。报告显示现有简单模型在热沉温度为 245.4 K 时，散热量达到 11.67 kW。

输入参数值：

- 斯蒂芬-玻尔兹曼常数：5.670×10^{-8} W/（$\text{m}^2\cdot\text{K}^4$）；
- 辐射面积：129.8 m^2；
- 红外发射率①：0.90；
- 计算残差：0.000 1。

通过设置多种仿真工况，改变液氨质量流量和进口温度，实现了对现有轨道可替换辐射器单元散热能力范围的分析与评估（表 3-13～表 3-20）。

表 3-13 LVS、A11 及 A12 工况下可替换辐射器单元散热能力分析

	LVS 工况	A11 工况	A12 工况
氨质量流量/(kg/s)	0.159 1	0.159 1	0.003 1
氨进口温度/K	283.3	283.3	283.3
热沉温度/K	249.8	249.8	249.8
翅片效率	0.88	0.89	0.89
氨平均温度/K②	275.5	276.2	253.4
辐射器表面平均温度/K	273.9	274.8	252.1
氨平均比热/[kW·s/(kg·K)]	4.71	4.71	4.52
氨出口温度/K	267.7	269.1	223.6
单个轨道可替换辐射器单元散热量/kW	11.68	10.66	0.84

① 此值是由 Keller（1995 a）[34] 提出，并与其他来源的国际空间站红外发射率一致。

② 这里只是简单地计算氨入口温度和出口温度的算术平均值。

续表

	LVS 工况	A11 工况	A12 工况
单位面积散热量/(kW/m²)	0.090 0	0.082 1	6.45×10^{-3}

表 3-14　B11、B12、C11 与 C12 工况下可替换辐射器单元散热能力分析

	B11 工况	B12 工况	C11 工况	C12 工况
氨质量流量/(kg/s)	0.159 1	0.003 1	0.159 1	0.003 1
氨进口温度/K	280.8	280.8	285.9	285.9
热沉温度/K	249.8	249.8	249.8	249.8
翅片效率	0.89	0.89	0.89	0.89
氨平均温度/K	274.3	253.3	278.2	253.6
辐射器表面平均温度/K	272.9	251.9	276.7	252.2
氨平均比热/[kW·s/(kg·K)]	4.70	4.52	7.73	4.53
氨出口温度/K	267.7	225.7	270.4	221.3
单个轨道可替换辐射器单元散热量/kW	9.74	0.77	11.64	0.91
单位面积散热量/(kW/m²)	0.075 0	5.95×10^{-3}	0.089 7	6.98×10^{-3}

表 3-15　A21 与 A22 工况下可替换辐射器单元散热能力分析

	A21 工况	A22 工况
氨质量流量/(kg/s)	0.159 1	0.003 1
氨进口温度/K	283.3	283.3
热沉温度/K	238.7	238.7
翅片效率	0.87	0.87
氨平均温度/K	274.6	244.0
辐射器表面平均温度/K	272.6	242.1
氨平均比热/[kW·s/(kg·K)]	4.70	4.45
氨出口温度/K	265.8	204.8
单个轨道可替换辐射器单元散热量/kW	13.08	1.08
单位面积散热量/(kW/m²)	0.101	8.34×10^{-3}

表 3-16　B21、B22、C21 与 C22 工况下可替换辐射器单元散热能力分析

	B21 工况	B22 工况	C21 工况	C22 工况
氨质量流量/(kg/s)	0.159 1	0.003 1	0.159 1	0.003 1
氨进口温度/K	280.8	280.8	285.9	285.9
热沉温度/K	238.7	238.7	238.7	238.7
翅片效率	0.87	0.87	0.87	0.87
氨平均温度/K	272.6	243.9	276.6	244.3
辐射器表面平均温度/K	270.7	241.9	274.6	242.3

续表

	B21 工况	B22 工况	C21 工况	C22 工况
氨平均比热/[kW·s/(kg·K)]	4.68	4.44	4.72	4.45
氨出口温度/K	264.4	206.9	267.2	202.6
单个轨道可替换辐射器单元散热量/kW	12.19	1.02	14.02	1.15
单位面积散热量/(kW/m²)	0.093 9	7.84×10⁻³	0.108	8.85×10⁻³

下面的研究中，在保持质量流量恒定的情况下，提高氨进口温度并且改变热沉温度，目的是为了研究过热度对散热量的影响。

表 3-17　D11、D21、D31 与 D41 工况下可替换辐射器单元散热能力分析

	D11 工况	D21 工况	D31 工况	D41 工况
氨质量流量/(kg/s)	0.159 1	0.159 1	0.159 1	0.159 1
氨进口温度/K	290.9	290.9	290.9	290.9
热沉温度/K	249.8	238.7	227.6	210.9
翅片效率	0.89	0.87	0.84	0.81
氨平均温度/K	281.9	280.4	279.1	277.7
辐射器表面平均温度/K	280.6	278.4	276.6	274.4
氨平均比热/[kW·s/(kg·K)]	4.76	4.75	4.74	4.73
氨出口温度/K	273.0	269.9	267.4	264.5
单个轨道可替换辐射器单元散热量/kW	13.57	15.88	17.75	19.81
单位面积散热量/(kW/m²)	0.105	0.122	0.137	0.153

表 3-18　D12、D22 与 D32 工况下可替换辐射器单元散热能力分析

	D12 工况	D22 工况	D32 工况
氨质量流量/(kg/s)	0.003 1	0.003 1	0.003 1
氨进口温度/K	290.9	290.9	290.9
热沉温度/K	249.8	238.7	227.6
翅片效率	0.89	0.87	0.84
氨平均温度/K	254.0	244.6	235.6
辐射器表面平均温度/K	252.6	242.7	233.1
氨平均比热/[kW·s/(kg·K)]	4.53	4.45	4.38
氨出口温度/K	217.0	198.4	180.3
单个轨道可替换辐射器单元散热量/kW	1.04	1.28	1.51
单位面积散热量/(kW/m²)	7.99×10⁻³	9.84×10⁻³	0.0116

最后的研究与之前设置相近，只是液氨进口温度发生变化，此时液氨出口温度为设定的最高或最低温度（273.7 K 或 199.8 K）。

表 3-19　E11、F21、G31 与 H41 工况下可替换辐射器单元散热能力分析

	E11 工况	F21 工况	G31 工况	H41 工况
氨质量流量/(kg/s)	0.159 1	0.159 1	0.159 1	0.159 1
氨进口温度/K	292.3	298.3	302.8	307.5
热沉温度/K	249.8	238.3	227.6	210.9
翅片效率	0.89	0.87	0.84	0.81
氨平均温度/K	283.0	286.0	288.3	290.6
辐射器表面平均温度/K	281.6	284.1	285.8	287.3
氨平均比热/[kW·s/(kg·K)]	4.77	4.79	4.81	4.83
氨出口温度/K	273.7	273.7	273.7	273.7
单个轨道可替换辐射器单元散热量/kW	14.12	18.75	22.30	25.94
单位面积散热量/(kW/m^2)	0.109	0.144	0.172	0.200

表 3-20　I12 与 J22 工况下可替换辐射器单元散热能力分析

	I12 工况	J22 工况
氨质量流量/(kg/s)	0.003 1	0.003 1
氨进口温度/K	310.9	289.2
热沉温度/K	249.8	238.7
翅片效率	0.89	0.87
氨平均温度/K	255.3	244.5
辐射器表面平均温度/K	254.0	242.6
氨平均比热/[kW·s/(kg·K)]	4.54	4.45
氨出口温度/K	199.8	199.8
单个轨道可替换辐射器单元散热量/kW	1.59	1.23
单位面积散热量/(kW/m^2)	0.0120	9.50×10^{-3}

计算结果如图 3-2～图 3-7 所示。

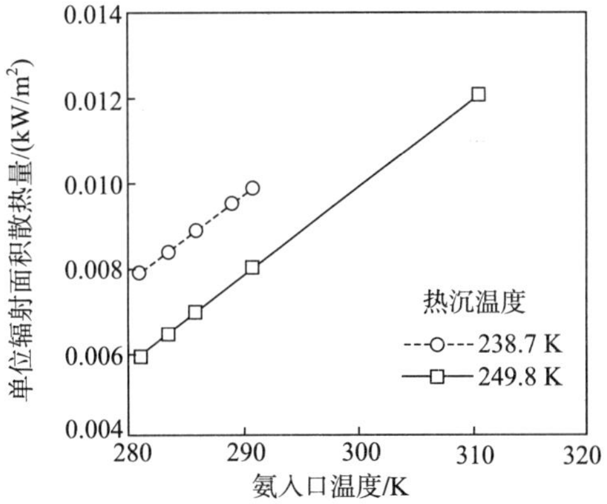

图 3-2　基础工况参数研究结果：辐射器单位面积散热量与液氨进口温度的线性关系（液氨质量流量为最小值 0.003 1 kg/s）

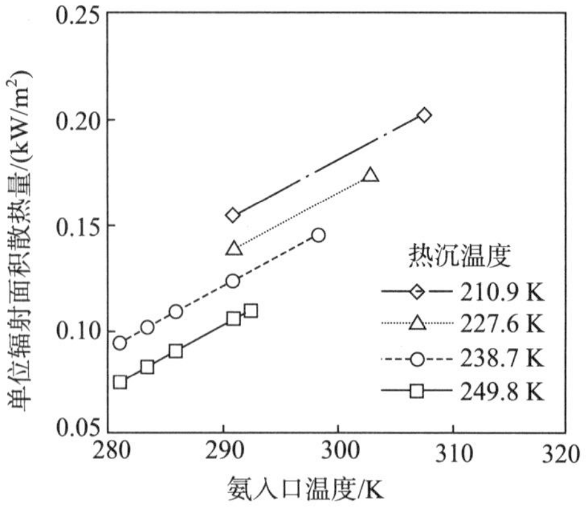

图 3-3　基础工况参数研究结果：辐射器单位面积散热量与液氨进口温度的线性关系（液氨质量流量为最大值 0.159 1 kg/s）

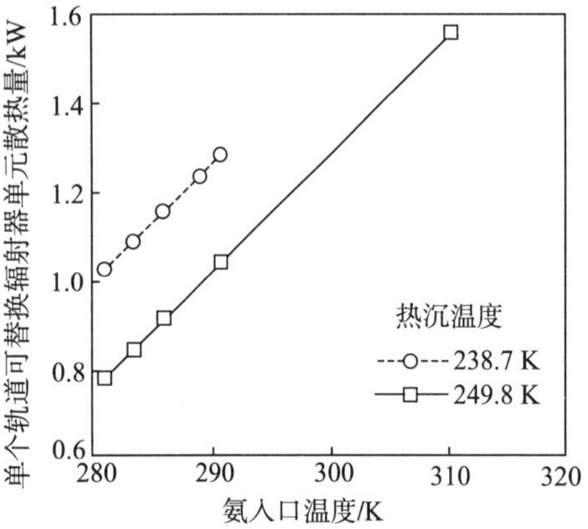

图 3-4　基础工况参数研究结果：单个轨道可替换辐射器单元散热量与液氨进口温度的线性关系（液氨质量流量为最小值 0.003 1 kg/s）

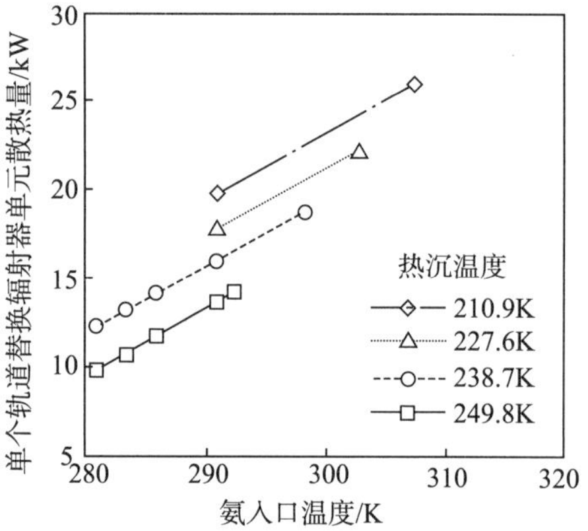

图 3-5　基础工况参数研究结果：单个轨道可替换辐射器单元散热量与液氨进口温度的线性关系（液氨质量流量为最大值 0.159 1 kg/s），LVS 工况中热沉温度为 245.4 K，液氨进口温度为 283.3 K

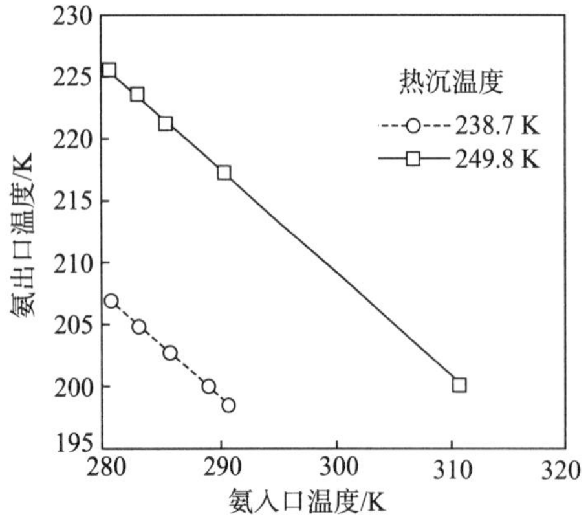

图 3-6　基础工况参数研究结果：辐射器液氨出口温度与液氨进口温度的线性关系（液氨质量流量为最小值 0.003 1 kg/s）

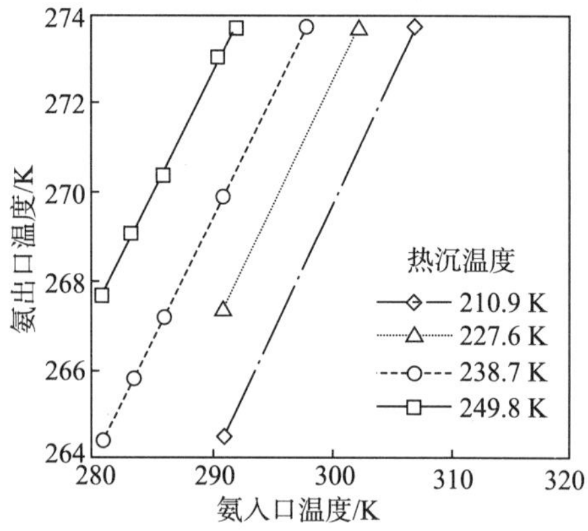

图 3-7　基础工况参数研究结果：辐射器液氨出口温度与液氨进口温度的线性关系（液氨质量流量为最大值 0.159 1 kg/s）

3.1.5　用于国际空间站改进的先进主动热控系统架构

通常国际空间站从入轨之日算起，其在轨设计寿命为 30 年，如前文所述，热控系统轨道可替换辐射器单元需要在 20 年后更换，更换新的热控架构后可以再服役 10 年的时间。本节对每种可行的先进热控系统与基础热控系统进行对比分析并计算总减重量，其中，对各个先进技术的定性评估在第 2 章中已经完成。

3.1.5.1　具有机械泵/分离器的两相热控技术

对于国际空间站采用两相热控技术进行改进任务而言，有必要进行某些假设。总的来说，仍然保留现有的单相泵和管路。单相辐射器和热交换器被相同数量的两相设备所替换。所以，在采用两相热控系统进行改进之后，需要考虑轨道可替换设备质量、工质质量以及泵功的变化。

Ungar (1995)[1]对单相和两相热控系统的几何尺寸进行了对比研究。在 Ungar 的研究案例中提出了一个由美国牵头设计的大型空间站研究方案，该大型空间站比现有国际空间站多出两个居住舱段。随着 20 年后新增能源模块，国际空间站会进一步增加居住舱，接近 Ungar 所提出的大型空间站的方案。Ungar 给出了大型空间站两相热控系统驱动泵①所需的额定功率为 0.697 kW，如果是单相流体回路的话则需要 2.7 kW。从大型空间站的设计参数来看，单相流体回路的辐射换热面积与两相热控系统的辐射换热面积相差不大(两相热控系统比单相热控系统少 9%的面积)。假设这两种热控系统使用相同的辐射面积，则可比较获得两相辐射器的质量。Howell 提出了轨道可替换辐射器单元方案，该两相方案使用了与当前国际空间站单相热控系统相同的辐射面积，并基本延续了原来热控系统的管路的布局。表 3-21 为具有机械泵/分离器的两相热控系统参数。

表 3-21　具有机械泵/分离器的两相热控系统参数

	轨道可替换辐射器单元干重/kg	工质质量/kg	泵功/kW	能耗转换质量/kg
单相流体回路系统	1 070.0	34.9	2.700	1 285.2
具有机械泵/分离器的两相换热系统	1 051.0	22.7	0.697	331.8
总减重量	19.0	12.2	2.00	953.4

对于 8 个轨道可替换辐射器单元，总的设备减重为 249.6 kg，总的能耗转换质量为 953.4 kg。

具体评估：

- 设备减重：250 kg；
- 能耗节约：2.00 kW；
- 能耗转换质量：953 kg；
- 总减重：1 203 kg；

① Ungar (1995)[1]将这个热控系统归类为旋转流体管理型两相热控系统。

- 综合定性得分：0。

3.1.5.2 低能耗两相热控技术

如前所述，分析低能耗两相热控技术[①]在国际空间站上的应用有必要做一些假设。总体而言，仍保留现有的单相热控系统机械泵和管路。单相辐射器和换热器将被同等数量的两相设备所替换。所以，需要考虑轨道可替换设备质量、工质质量、所需泵功这些参数的变化。一般两相热控系统与低能耗两相热控系统相比，唯一的区别就是后者节约了泵的能源消耗。Ungar 给出了用于大型空间站低能耗两相热控系统的功率为 355 W。表 3－22 为低能耗两相热控系统参数。

表 3－22 低能耗两相热控系统参数

	轨道可替换辐射器单元干重/kg	工质质量/kg	泵功/kW	能耗转换质量/kg
单相流体回路系统	1 070.0	34.9	2.70	1 285.2
低能耗两相热控系统	1 051.0	22.7	0.355	169.0
总减重量	19.0	12.2	2.35	1 116.2

对于 8 个轨道可替换辐射器单元，总的结构减重为 249.6 kg，而能耗转换质量为 1 116.2 kg。

具体评估：

- 设备减重：250 kg；
- 能耗节约：2.35 kW；
- 能耗转换质量：1 116 kg；
- 总减重：1 366 kg；
- 综合定性得分：－1。

3.1.5.3 毛细泵回路

基于 3.1.3 节可知，毛细泵回路[②]能够节约能耗 2.7 kW，转换成相应质量则减重为 1 285.2 kg。如上所述，大多数毛细泵回路的设备质量与对应带有机械泵的单相流体回路设备质量相近。但是，使用毛细泵回路的两相辐射器可节约 249.6 kg 的质量。所以，对于该新型方案总减重为 1 534.8 kg。

具体评估：

- 设备减重：250 kg；
- 能耗节约：2.70 kW；
- 能耗转换质量：1 285 kg；
- 总减重：1 535 kg；

---

① 低能耗两相热控技术具体细节见 2.1.2 节。

② 毛细泵回路背景见 2.1.4 节。

• 综合定性得分[①]：−2。

3.1.5.4　蒸气压缩热泵

将蒸气压缩热泵[②]系统应用于国际空间站改进方案之前，需进行相应假设，如采用常规热泵，辐射器内工质选用氨。NASA 设计规范手册给出了热泵选型的标准。与现有国际空间站主动热控系统结构一样，设计方案假定有 6 个轨道可替换辐射器单元。

1）冷源温度，T_C（外部热控系统平均温度）：275.5 K；

2）提升温度，T_H-T_C：30.6 K；

3）热源温度，T_H：306.1 K；

4）辐射器入口温度，T_{in}：302.0 K；

5）热沉温度，T_{sink}：245.4 K；

6）总散热量，Q_C（相当于 8 个 LVS 工况轨道可替换辐射器单元的散热量）：93.36 kW。

对于卡诺循环热泵，工作性能系数表达式为

$$COP_{Carnot}=\frac{Q_C}{W}=\frac{T_C}{T_H-T_C}$$

对于非理想热泵，所需的输入功为

$$W_{real}=\frac{Q_C}{\eta COP_{Carnot}}$$

从上述方程可得：

1）工作性能系数 COP_{Carnot}：9.00；

2）热泵效率，η[③]（Ewert，1991）[32]：0.50；

3）所需输入功，W_{real}：20.7 kW。

通过计算可以得到外部热控系统辐射器的相关参数：

1）单个轨道可替换辐射器单元辐射面积：129.8 m^2；

2）翅片效率：0.88；

3）发射率：0.90；

4）单个轨道可替换轨道辐射器单元氨质量流量：0.159 1 kg/s；

5）辐射器表面平均温度：288.1 K；

6）单位面积散热量：0.147 kW/m^2。

基于热力学第一定律，有

$$Q_{H,real}=W_{real}+Q_C$$

1）辐射器总的散热量，$Q_{H,real}$：114.1 kW；

---

① 由于假设采用了毛细泵回路对国际空间站进行了改进，因此在该任务中安装为“困难”，因为这是一个在轨任务，所以研发成本是“高”。

② 蒸气压缩热泵的细节见 2.2.1 节。

③ 与卡诺循环性能系数（COP）的百分比。

2）所需辐射面积：778.0 m^2；

3）所需轨道可替换辐射器单元数：6。

为了使该结构质量最小，运用上述模型进行参数研究（如图 3－8 所示）。从该参数研究可知，随着提升温度的增大，热泵能耗转换质量所增加的速度高于辐射器质量减少的速度。当热泵温升较高（该工况下此温升值为 30.6 K）时，P0 段可以去除，从而减小了热泵系统的质量。

为了保证工质能够在冷凝器和蒸发器之间循环，热泵消耗的能源是原来的 150％。减去基础工况下流体回路泵驱动功耗后，该热泵系统净增加的功耗为 187.1 W。但是，热泵在其他方面将会带来较大的减重量，这是因为 P0 段可以完全去除。表 3－23 为安装蒸气压缩热泵带来的质量变化。

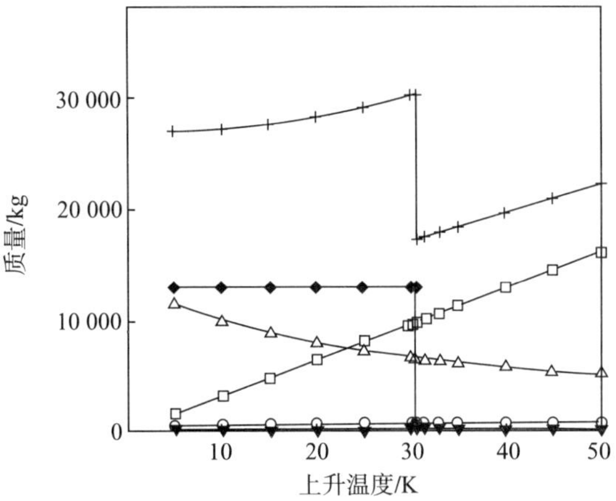

图 3－8 在 LVS 的工况下空间站外部热控系统质量变化与热泵系统温升的关系

—□— 热泵功耗转换质量；—○— 热泵；—△— 辐射器(含工质)；—▼— 泵功耗转换质量；—◆— P0段；—+— 合计

表 3－23 安装蒸气压缩热泵带来的质量变化

项目	质量减少/kg
热泵①	－699.1
P0 段结构②	10 377.8
热泵系统能耗转换质量(20.7 kW)	－9 839.6
额外增加的设备所带来的泵能耗转换质量(0.1871 kW)	－89.1
合计	－250.0

热泵系统的主要缺点是能耗较高③，但不需要为轨道可替换辐射器单元增加额外的桁

① 热泵总质量是其所有部件质量的总和。蒸发器和冷凝器质量相当于通过能质代偿系数 2.72 kg/kW 转换得到(Swanson, Sridhar, and Gottman, 1993)[54]。热泵压缩机和驱动电机的总质量相当于通过 31.83(输入功率)$^{0.476}$转换得到(Green, 1991)[55]。

② 详见表 3－10。

③ 这里的能耗相当于运行 20 年后国际空间站升级增加的太阳能电池阵的所有输出功率。虽然增加的电池阵可以为热泵的运行提供功率，但这仅仅是假设，因此需要提出更多解决热泵能耗的方法。

架结构。如果热泵能够安装在现存结构上，这将对国际空间站运行影响最小。

具体评估：

- 设备减重：9 679 kg；
- 能耗节约：－20.9 kW；
- 能耗转换质量：－9 929 kg；
- 总减重：－250 kg；
- 综合定性得分[①]：0。

3.1.5.5　太阳能蒸气压缩热泵

太阳能蒸气压缩热泵[②]与 3.1.5.4 节所述蒸气压缩热泵使用同样的设备，唯一的区别就是太阳能蒸气压缩热泵的能源来自于太阳电池阵。对于太阳能蒸气压缩热泵系统而言，当航天器进入阴影区时，太阳能蒸气压缩热泵系统可借助自身旁路直接将外部热控系统工质流向辐射器；在受照区太阳能热泵可利用太阳能驱动系统工作，自身不需要消耗任何能源。因此，太阳能蒸气压缩热泵系统不需要任何能源储存，可实现能源管理和分配系统质量减少三分之一，并且能源储存设备能够完全去除，能质代偿系数可从表 3－12 查得为 221 kg/kW。如果连续工作，泵的能质代偿系数按 476 kg/kW 来计算。太阳能驱动蒸气压缩热泵的减重效果如表 3－24 所示。

表 3－24　安装太阳能驱动蒸气压缩热泵质量变化

项目	质量减少/kg
热泵[③]	－699.1
P0 段架构[④]	10 377.8
热泵系统能耗转换质量(20.7 kW)	－4 568.4
额外增加的设备所带来的泵能耗转换质量(0.1871 kW)	－89.1
合计	5 021.2

虽然太阳能驱动热泵与之前提出的传统热泵具有相同的优点，但是太阳能驱动热泵的能耗只有传统热泵的一半。由于能源系统占蒸气压缩热泵质量增加值的 90%以上，因此能耗降低一半的质量带来的减重效果非常明显。

具体评估：

- 设备减重：9 679 kg；
- 能耗节约：－20.9 kW；
- 能耗转换质量：－4 658 kg；
- 总减重：5 021 kg；

① 此项技术的安装是“容易”，因为这项技术不需要额外的支撑架。但因为是轨道任务，所以研发成本是“高”。

② 太阳能蒸气压缩热泵的详细介绍见 2.2.2 节。

③ 详见 3.1.5.4 节关于热泵尺寸相关脚注。

④ 详见表 3－10。

• 综合定性得分①：+1。

3.1.5.6 干道热管辐射器

在国际空间站的改进设计过程中，设计的第一套干道热管②采用了 13.11 m 的构型，该构型能够满足航天飞机的载荷舱最长距离散热的需求。基于地面测试数据可知，干道热管的长度越长，其单位质量散热能力也越强（Cambliss 等，1990）[33]。由于对 15.24 m 的热管③进行在轨测试时，结果不够理想，因此，选择 13.11 m 的热管用于国际空间站主动热控系统初始的改造升级方案。此外，对更短的 6.71 m 热管进行在轨测试时也表现出良好的散热能力（Brown 等，1992）④[7]，因此在第二种改进方案中使用了这种较短的热管。

（1）13.11 m 干道热管面板

运行 20 年后国际空间站热控改进方案为，外部热控系统有 8 个轨道可替换辐射器单元，当热沉温度为 245.4 K 时，其热排散能力为 93.39 kW。假设每套干道热管承受相同的热负荷，则有如下分析：

1）散热量：93.36 kW；

2）外部热控系统氨平均温度：275.5 K；

3）翅片效率：0.925；

4）表面发射率：0.90；

5）外部热控系统热交换器与干道热管间温差：2.4 K；

6）辐射器平均温度：273.1 K；

7）热沉温度：245.4 K；

8）干道热管轨道可替换辐射器单元表面积：7.43 m^2；

9）热管辐射器总面积：1 021.55 m^2；

10）热管辐射器单元总数量：137.45。

在工程实践上，假设每个外部热控系统热交换器与 6 个干道热管轨道可替换辐射器单元相连。外部热控系统热交换器与辐射器系统总管路相连，辐射器系统总管路与航天器热关节相连。

对之前计算结果取整数，则最终构型确定为：138 个热管辐射器单元和 23 个外部热控系统热交换器，分为三组安装，分别为两组 8 个外部热控系统热交换器和一组 7 个外部热控系统热交换器。假设在 2.3.1 节中提到的两相热控系统冷凝器的质量等于外部热控系统热交换器的质量，驱动工质流经外部热控系统热交换器的能耗等于现有国际空间站泵驱动能耗。另一方面，为了在国际空间站安装 13.11 m 的干道热管辐射器，需要新的辐射器桁

---

① 此项技术的安装为“容易”，因为这项技术不需要额外的支撑架。但作为轨道任务研发成本为“高”。

② 见 2.3.1 节关于干道热管的描述。

③ 这是在 SHARE 项目中进行测试。

④ 这是在 SHAREⅡ项目中进行测试。相比在 SHARE 项目中的测试，除了长度以外，热管还使用了不同的内部排列方式。

架梁。基础任务的辐射器桁架梁及 P0 段[①]的桁架梁可以忽略，因此对于 13.11 m 的干道热管详细的质量变化见表 3-25 所示。

表 3-25　13.11 m 干道热管减重量

	质量/kg	20 年后数量	总质量减少/kg
干道热管轨道可替换单元	−40.88	138	−5 641.4
外部热控系统热交换器及接口机械装置	−137.40	23	−3 160.2
辐射器桁架梁（每个轨道可替换辐射器单元）	−1.59	138	−219.4
干道热管辐射器总的质量			−9 021.0
国际空间站含有工质的流体回路辐射器单元	1 104.9	8	8 838.9
P0 段辐射器桁架梁	806.7	1	806.7
基础热控系统总质量			9 645.6
设备减重量			624.6

相比国际空间站基础设计任务，13.11 m 的干道热管辐射器总共减重 624.6 kg。

（2）6.71 m 干道热管面板

运行 20 年后国际空间站热控改进方案为，外部热控系统有 8 个轨道可替换辐射器单元，当热沉温度为 245.4 K 时，其热排散能力为 93.39 kW。假设每套干道热管承受相同的载荷，则有如下分析：

1）散热量：93.36 kW；

2）外部热控系统氨温度：275.5 K；

3）翅片效率[②]：0.925；

4）表面发射率：0.90；

5）外部热控系统换热器和干道热管间温差：2.4 K；

6）辐射器平均温度：273.1 K；

7）热沉温度：245.4 K；

8）干道热管轨道可替换辐射器单元表面积：6.94 m^2；

9）热管辐射器总面积：1 021.55 m^2；

10）热管辐射器单元总数量：147.20。

工程实践上，假设每个外部热控系统热交换器与 4 个干道热管轨道可替换辐射器单元相连。外部热控系统热交换器与辐射器系统总管路相连，事实上，外部热控系统热交换器每侧有两个接口。辐射器系统总管路又与航天器热关节相连。

对计算结果进行取整数，最终结构采用 148 个干道热管和 37 个外部热控系统热交换器，分为三组安装，分别为两组 13 个外部热控系统热交换器和一组 11 个外部热控系统热

① P0 段构成详见表 3-10。

② 由于 6.71 m 干道热管的蒸发器和冷凝器内部有 4 条干道。所以即使这些热管面板更宽，但其仍拥有与 13.11 m热管相同的翅片效率。13.11 m 热管的翅片效率由 Pekrul 等人（1989）[56]研究给出。

交换器。假设在 2.3.1 节中提到的两相热控系统冷凝器的质量等于外部热控系统热交换器的质量，驱动工质流经外部热控系统热交换器的能耗等于现有国际空间站泵驱动能耗。为了在国际空间站安装 6.71 m 的干道热管辐射器，需要新的辐射器桁架梁。基础热控系统的辐射器桁架梁及 P0 段的桁架梁可以忽略，因此 6.71 m 干道热管减重量如表 3－26 所示。

表 3－26　6.71 m 干道热管减重量

	质量/kg	20 年后数量	总质量减少/kg
干道热管轨道可替换单元	－45.05	148	－6 667.4
外部热控系统热交换器及接口机械装置	－78.92	37	－2 920.0
辐射器桁架梁（每个轨道可替换辐射器单元）	－3.81	148	－563.9
干道热管辐射器总的质量			－10 151.3
国际空间站含有工质的流体回路辐射器单元	1 104.9	8	8 838.9
P0 段辐射器桁架梁	806.7	1	806.7
基础热控系统总质量			9 645.6
设备减重量			－505.7

从上述数据中可知，6.71 m 的干道热管辐射器比基础热控系统（国际空间站使用流体回路轨道可替换辐射器单元）多出 505.7 kg 的质量。

（3）干道热管可靠性

因为使用大量独立的密封元件，并且安装简易，干道热管具有了较高的可靠性。单个热管轨道可替换单元的损坏对整个系统散热的影响可以忽略。任何一根热管都能够更容易地拆卸和安装。1992 年，Christiansen 预测国际空间站在轨运行的最后十年中微流星和轨道碎片平均撞击辐射器 1.55 次，其预测结果如图 3－9 所示，这种预测基于 6.71 m 的干道热管。尽管 13.11 m 热管质量更轻，但 6.71 m 的热管已通过了在轨飞行验证。表 3－27 为流体回路辐射器受轨道碎片撞击数量统计。

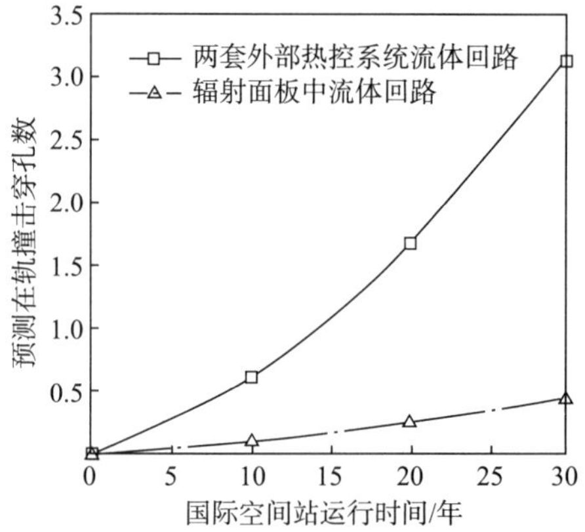

图 3－9　国际空间站遭受撞击穿孔次数与在轨运行时间关系曲线

表 3-27　流体回路辐射器受轨道碎片撞击数量统计

时间/年	10	20	30
流体回路辐射器受轨道碎片撞击穿孔统计数①	0.616	1.6	3.15

假设在空间碎片击穿国际空间站外部热控系统后，流体回路中工质在 2 小时后流干(Keller，1995a)[34]。当把穿孔补上，或将损坏部分与其他回路隔离起来后，还需要通过一次补给飞行任务将相应的外部热控系统回路所需氨工质（226.7 kg)② 重新充灌。因为在美国舱段单一回路只能承担一半的散热能力，所以该任务需求迫切。反之，假设基于干道热管的外部热控系统热交换器防护得当，则外部热控系统回路不可能被击穿，空间碎片穿孔只导致单根热管失效。单根干道热管只承担空间站美国段 1/148 的热载荷，这样替换该失效热管的任务也就并不急迫了。

假定：

1）对于国际空间站美国舱，外部热控系统流体回路辐射器遭受的任何一次撞击穿孔都必须修理或者与其他回路隔离。

2）基于干道热管的外部热控系统热交换器被充分保护以免遭受空间碎片的撞击。

3）不需要替换任何遭受撞击破坏的干道热管轨道可替换单元。

对比基础热控系统方案的辐射器单元，由于干道热管轨道可替换辐射器单元在抗轨道碎片撞击损毁方面的优势，可有效减少氨工质的流失量，从而达到减重的效果。

图 3-9 中，实线代表两套外部热控系统流体回路所遭受的总撞击次数，虚线仅代表辐射面板中流体管路遭受撞击的次数。

1）单个外部热控系统回路氨质量：226.7 kg；

2）在空间站运行的最后十年遭击穿的轨道辐射器单元次数：1.55；

3）最后十年轨道辐射器单元氨损失质量：351.3 kg。

所以，在最后十年的运行周期内，干道热管相当于节约了 351.3 kg 的质量。

6.71 m 的干道热管需要增加 505.7 kg 的硬件质量，但是比基础热控系统又节约了 351.3 kg 的工质，所以该选项相比基础外部热控系统只增加了 154 kg 的质量。

具体评估：

- 设备减重：−505 kg；
- 能耗节约：351 kW；
- 能耗转换质量：可忽略；
- 总减重：−154 kg；
- 综合定性得分：+1。

① Christiansen(1992)[12]研究得出。20 年的估值是根据图 3-9 中数据进行拟合曲线预测的。

② 这个值假定国际空间站主动热控系统包括 8 个轨道可替换辐射器单元。使用 6 个轨道可替换辐射器单元，则外部热控系统中工质氨的质量为 191.8 kg（Wuestling，1994)[53]。

3.1.5.7 轴向槽道热管辐射器

表 3-28 显示了轴向槽道热管①辐射器与流体回路辐射器的详细参数对比。两种辐射器具有相同的表面积，选用相同的设备，包括工质管道及辐射器面板，但分别使用流体管路和热管与热控系统耦合。在 OAO 公司（Nguyen，1992[11] 和 Swerdling，1993[35]）提供的第一个设计方案中，每个辐射器面板上均匀平铺有 18 根热管。在 LVS 系统（Howell，et al.，1994）[28] 提供的第二个设计方案中，在辐射器面板布置 22 根流体回路管路，两者总的翅片效率接近。

表 3-28 轨道可替换辐射器单元硬件参数

	流体管路/热管质量/kg	每个面板管路数量	翅片效率
OAO 公司热管轨道可替换辐射器装置②	143.92	18	0.872
LVS 流体回路轨道可替换辐射器装置③	105.27	22	0.88

通过对比发现，使用轴向槽道热管的单个轨道可替换辐射器单元质量增加 38.65 kg，8 个轨道可替换辐射器单元增加质量为 309.2 kg。因为外部热控系统降低了对氨工质的需求，相应地也能节约部分质量，但是泵功有轻微的增加，所以抵消了氨工质降低带来的减重量。

对于太阳能电池阵热控系统，槽道热管辐射器也同样会带来质量增加。使用轴向槽道热管的轨道可替换辐射器单元将增加 38.65 kg，采用 4 个轴向槽道热管轨道可替换辐射器单元将增加 154.6 kg。

具体评估：

- 设备减重：−309 kg；
- 能耗转换质量：可忽略；
- 总减重：−309 kg；
- 综合定性得分：+1。

3.1.5.8 电液泵驱干道热管辐射器

如 2.3.2 节所述，当热负荷超过干道热管的传热能力时，工质将全部聚集在冷凝器中，使得该热管失去传热能力。为了防止该现象发生，Bryan（1995）[10] 提出将电液泵应用到热管回路中，以防止工质聚集在冷凝器中并确保每个单元能够持续运行传递热量。在工程实践中，电液泵驱干道热管将替换在 3.1.5.6 节中提到的 13.11 m 干道热管。电液泵驱干道热管翅片效率更低，新的构架如表 3-29 所示。

---

① 轴向槽道热管详见 2.3.3 节。

② 该质量包括热管和换热器总质量（Nguyen，1992）[57]。

③ 该质量包括流动管路、辐射器面板内的管路，以及银环氧树脂（Oren，1995）[58]。

表 3－29　基于电液泵的干道热管参数

	13.11 m 干道热管①	带有电液泵的 13.11 m 干道热管
热管面板质量/kg	40.88	32.29
翅片效率	0.925	0.763
辐射器单元	138	167
外部热控系统换热器及接口	23	28

该架构选用 167 个热管辐射器单元和 28 个外部热控系统热交换器。如前所述，为了与干道热管构件兼容，辐射器桁架梁需要替换，P0 段辐射器桁架梁可以忽略。外部热控系统热交换器泵功仍假设与现有国际空间站流体回路轨道可替换辐射器单元泵功相等。

相比基础热控系统，电液泵驱干道热管辐射器实现硬件减重量 138.8 kg。并且如 3.1.5.6 节中所述，在空间站最后十年的运行中，干道热管将节约 351.3 kg 的氨工质。所以，总的减重量为 490.1 kg②。表 3－30 为基于电液泵的干道热管减重统计。

具体评估：

- 设备减重：298 kg；
- 替换减重量：351 kg；
- 能耗节约：－0.334 kW；
- 能耗转换质量：－159 kW；
- 总减重：490 kg；
- 综合定性得分③：0。

表 3－30　基于电液泵的干道热管减重统计

	质量/kg	20 年后数量	总减少质量/kg
13.11 m 干道热管轨道辐射器单元	－31.34	167	－5 233.8
外部热控系统热交换器及接口	－137.40	28	－3 847.2
辐射器桁架梁(单个轨道辐射器单元)	－1.59	168	－267.1
带电液泵的干道热管设备质量			－9 348.1
电液泵能耗转换质量	－0.95	167	－158.7
带电液泵的干道热管辐射器总质量			－9 506.8
含有工质的国际空间站流体回路辐射器单元	1 104.9	8	8 838.9
P0 段辐射器桁架梁	806.7	1	806.7
基础热控系统总质量			9 645.6
设备总减重量			138.8

① 见 3.1.5.6 节。

② 因为电液泵是一项不成熟的技术，质量只是初步保守估计。事实上，Bryan (1995)[10]最近的测试表明每个干道热管辐射器单元的电液泵功率消耗可能比假设的 2 W 更小。

③ 这是一个综合技术，所以没有评估其地面应用潜力。

3.1.5.9 轻质辐射器

将现有轨道可替换辐射器单元组件中各部件用更轻质量材料替换，使得辐射器质量减少。表 3－31 给出了轨道可替换辐射器单元质量分解情况。当改变设计指标后，整个轨道可替换辐射器单元的质量分解将会改变。为了简化研究，将主要的部件分为四类。

在本研究中轨道可替换辐射器单元组件的质量在原基础上线性变换。如果辐射器面板质量下降了 50%，则弯管及管路附件质量下降 25%。同时该研究认为基本结构、安装及面板支撑结构减重将达 20%，但流体工质及附加设备质量不变[①]。

表 3－31 轻质辐射器各部件质量

分类	质量/kg	占轨道可替换辐射器单元质量比例/%
基础结构、展收机构和支撑结构		35.5
基础结构	200.81	
剪力梁和铰链	92.76	
扭矩面板和支撑杆	47.26	
紧固机构	23.26	
展收机构	34.40	
伸缩软管和管路	246.68	22.0
辐射器面板	409.20	36.4
辅助设备及流体		6.1
驱动电机	11.39	
电缆	9.71	
装配部件	8.92	
工质	34.86	
其他	3.99	
合计	1 123.24	100.0

如前所述，轻质辐射器纯粹是推测性的。影响主动热控系统部件质量的两个重要因素，分别是散热系统设计方案及材料选型。两个因素现阶段还处于探索状态，轻质辐射器还处于开发阶段，结构与现有的辐射器有着很大的不同，其额外减重量目前无法量化。本节研究的目的是给出可能实现的减重量。下面将会提出一些用于国际空间站的轻质辐射器设计概念。

在轨道可替换辐射器单元中，辐射器面板是质量最大的结构件。任何技术或材料只要能够降低该部件质量都可以为轻质辐射器所用。假设最优设计目标是降低辐射面板的质量，同时假设相应的弯管及管路附件减重量占辐射面板的一半。由于管路质量的减重潜力已被挖掘到极点，如果要继续对管路进行减重，只能通过减少管道的长度来实现。由于辐射面板装置选用材料密度及强度的限制，在辐射器设计中要考虑材料的兼容性，伸缩软管

① 见 2.4 节对轻质辐射器背景和具体实例。

及管路材料很难到达最优化。在轨道可替换辐射器单元的基本结构、安装及面板支撑设计中，体积影响因素超过了质量因素，所以假设当面板质量降低 50%时，结构部件质量仅降低 20%。最后，辅助设备及工质的质量方面，由于辅助设备是现成的，工质质量取决于辐射器体积及工质密度，这两个参数均为常数。以此计算，当辐射器面板装置的质量降低 50%时，整个辐射器轨道可替换单元质量降低 30.8%（图 3-10）。

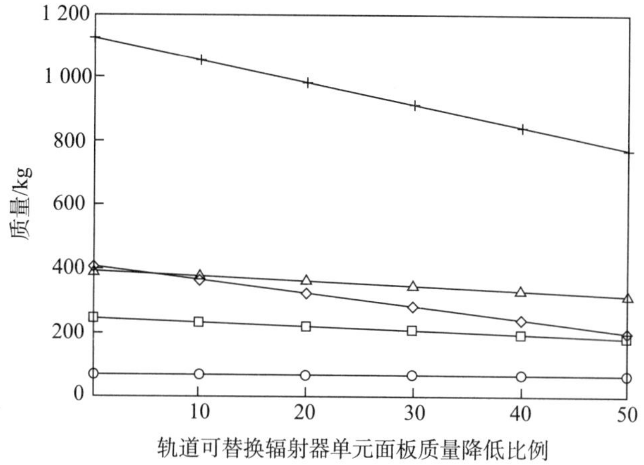

图 3-10　轨道可替换辐射器单元质量与辐射面板质量降低的关系

—□— 伸缩软管及管路；—○— 附加设备及流体；—◇— 辐射器面板；
—△— 基本结构，展开机构及面板支撑结构；—+— 轨道可替换辐射器单元总质量

参考 2.4 节中提出的轻质辐射器，选用具有代表性的总减重比例为 18.5%。因此，8 个轨道可替换辐射器单元总的减重量为 1 660.64 kg。由于工质状态没有发生变化，所以泵驱动功率不变。表 3-32 为辐射器各部件质量随面板质量减少百分比的变化情况。

表 3-32　辐射器各部件质量随面板质量减少百分比的变化情况

分类	辐射器面板质量降低比例		
	10%	30%	50%
基本结构、展开机构及面板支撑结构/kg	382.55	350.67	318.80
伸缩弯管及管路/kg	234.35	209.68	185.01
辐射器面板/kg	368.28	286.44	204.60
附加设备/kg	68.87	68.87	68.87
单个轨道可替换辐射器单元质量/kg	1 054.05	915.66	777.27
单个轨道可替换辐射器单元质量降低/kg	69.19	207.58	345.97
降低质量占原始辐射器单元比例/%	6.2	18.5	30.8
单位面积辐射器质量/(kg/m^2)①	8.12	7.05	5.99

① 这些值是基于单个轨道可替换辐射器的辐射面积为 129.8m^2 而得来的。

两种轻质辐射器设计方案均适用于改进国际空间站计划，第一种方案是用轻质辐射器替换现有的流体回路辐射面板，该方案在之前已充分论述。第二种方案是使用复合材料热管辐射器。

具体评估：

• 设备减重：1 661 kg；

• 能耗转换质量：无；

• 总减重：1 661 kg。

图 3-10 研究假设：对于辐射器面板每降低 10%的质量，弯管及管路降低 5%的质量，基本结构、安装面板支撑结构降低 4%。

3.1.5.10 流体管路转动关节

目前国际空间站辐射器组件使用的热关节为软管联接器，质量为 159 kg，体积为 0.634 m^3（Harwell，1992）[36]。功能为：作为辐射器和空间站之间的热关节，在辐射器的不断旋转中，为流体工质流入和流出辐射器提供可靠的通道。柔性软管绕着热关节旋转中心轴布置，在消除软管旋转扭矩前，辐射器旋转角不超过±105°。另外，软管自身也遭受疲劳载荷。

流体管路转动关节①是一个可 360°旋转装置，使用液体密封装置来保持和隔离内部的流体流道（Harwell，1992）[36]。360°旋转装置可使辐射器阵列始终保持与太阳光方向平行。相比之下，软管联接器对辐射器的旋转有限制，导致轨道可替换辐射器单元在一些轨道位置上无法处于最佳散热状态。实际中的单个流体管路转动关节质量为 10.9 kg（体积约为 0.012 7 m^3）。所以将软管关节替换为转动关节，3 个热关节共可减重 444 kg（1.86 m^3）。

具体评估：

• 设备减重：444 kg；

• 能耗转换质量：可忽略；

• 总减重：444 kg；

• 综合定性得分：+3。

3.1.5.11 碳刷热交换器

为了减重并且提高直流转换器单元（DDCU）冷却效率，目前的辐射翅片接触面可以用碳刷接触面替代。如 2.6.3 节所述，基于快速的一维热传导分析显示，该项改进使得界面导热率增加了几乎两个数量级，从而使 DDCU 组件的冷却效率提高。该技术减重量总结见表 3-33②。

---

① 详见 2.6.1 节。

② 标记问号“?”表示该标记的值是指假定值，真实的质量没有确定。在 S1、P1 中的直流转化器单元的质量就是假设的。

表 3－33　采用碳刷热交换器带来的减重量

特定区域(直流转换单元冷板类型)	数量	冷板质量(单个冷板)/kg	翅片质量(单个冷板)/kg	总设备减重量/kg
S0(直流转换单元)	4	62.4	9.86?	78.9?
S1,P1(直流转换单元)	2	51.1	9.86	39.4
太阳电池阵热控系统 S4,S6,P4,P6(外部直流转换单元)	8	63.5	4.29	68.6

考虑到在冷板和直流变换单元端都有翅片，因此减少的总质量是上下表面翅片质量之和。假设冷板材料采用铝 6061－T6，密度为 2 713 kg/m^3。碳刷热交换器质量可以忽略，因此基板和冷板的质量没有变化。

具体评估：

- 设备减重：118 kg；
- 能耗转换质量：无；
- 总减重：118 kg；
- 综合定性得分：＋3。

3.1.6　小结

对于国际空间站的改进任务，不同的先进技术及它们的评估优点如表 3－34 所示。从 3.1.3 节可知，除去结构部件，基础外部热控系统质量为 15 567.8 kg。与基准热控系统相比，如果采用太阳能蒸气压缩热泵技术可以使热控系统减重 32％。如果采用轻质辐射器能减轻空间站热控系统重量 11％，对于空间站改进，复合材料流体管路辐射器或者复合材料热管辐射器更加适合；如果采用两相热控技术中的毛细泵回路技术能减重 10％左右，但是主要问题是其技术成熟度较低。尽管其他技术在减重方面没有体现明显效果，但是它们也可以为系统稳定性或者整体运行效果的提高带来好处。

假设在整个研究过程中质量不确定为 10％，那么使用先进热控技术至少要减少 1 557 kg才能确保整个热控系统质量得到减少。并且，因为设计和安装成本不能忽略，所以当质量节约达到 25％（3 892 kg）时才有意义，按照此评价标准，适用于国际空间站改进计划的先进热控技术可以分为以下 5 类：

1）采用先进热控技术后的热控系统，与基础外部热控系统比较，质量增加大于 10％：无；

2）采用先进热控技术后的热控系统，与基础外部热控系统比较，质量增加不大于 10％：蒸气压缩热泵（连续运行），干道热管辐射器，轴向槽道热管辐射器。

3）采用先进热控技术后的热控系统，与基础外部热控系统比较，质量减少小于 10％：机械泵/分离器两相热控系统，低能耗两相热控系统，电液泵驱干道热管辐射器，毛细泵回路。

4）采用先进热控技术后的热控系统，与基础外部热控系统比较，质量减少在 10％～25％之间：轻质辐射器。

5）采用先进热控技术后的热控系统，与基础外部热控系统比较，质量减少大于25%：太阳能蒸气压缩热泵。

上述第2）和第3）项中包含了质量增减小于10%的先进热控技术。热控系统采用这些技术则质量将与基础外部热控系统相当。第4）项中的技术优势不够突出。第5）项中的技术显示出了巨大的优势。

对于改进国际空间站计划，另一重点考虑项为每个热控新技术设备在轨安装所需时间。一个分类标准为是否需要新增辅助装置。上述讨论的技术中，连续运行的蒸气压缩热泵和太阳能蒸气压缩热泵不需要增加任何构件段，但是这两种技术需要额外的能源系统和支撑结构，该方案假设能源系统能方便地安装在舱外的任意一侧或两侧，热泵安装于舱内，靠近现有主动热控系统散热装置。

在本节论述的部分热控技术定义为增强型技术更为恰当。这些增强型先进热控技术在特定的飞行任务中，选择何种类型热控系统与是否带来质量或能耗增减无关。这些技术包括流体管路转动关节和碳刷换热器。

1）带来质量增加的增强型热控技术：无。

2）带来质量减少的增强型热控技术：流体管路转动关节和碳刷热交换器。

表3-34为用于国际空间站改进任务的先进主动热控技术总结。

表3-34　适用于国际空间站改进任务的先进主动热控技术总结

先进主动热控技术	外部热控技术		
	总减重量/kg	减重百分比/%	定性评估得分
具有机械泵/分离器的两相热控技术	1 203	8	0
低能耗两相热控技术	1 366	9	−1
毛细泵回路	1 535	10	−2
蒸气压缩热泵	−250	−2	0
太阳能蒸气压缩热泵	5 021	32	+1
干道热管辐射器①	−154	−1	+1
轴向槽道热管辐射器	−309	−2	+1
电液泵驱干道热管辐射器	490	3	0
轻质辐射器	1 661	11	—
流体管路转动关节	444	3	+3
碳刷热交换器	118	1	+3

① 这个值是根据6.71 m的热管装置进行估计的。假设用13.11 m的热管装置代替将节约625 kg质量，综合定性得分为−1。

3.2　空间运输系统的升级

3.2.1　背景任务

假设目前的空间运输系统（Space Transportation System，STS）即航天飞机需要进行升级或维修，采用新型热控系统组件是延长其整个运行寿命计划的一部分。虽然可能性较小，但是该研究也可以拓展应用到具有相同性能的新型补给载人飞船上。假设该任务中能质代偿系数为 100 kg/kW，该系数由能源供应（56 kg/kW）① 和能源管理及分配系统（44 kg/kW）两部分组成。假设升级后的空间运输系统能够执行 140 次运输任务（每年执行 7 次任务，共执行 20 年），且认为在空间运输系统全寿命周期内减少的质量是可以累加的。

3.2.2　基础方案

航天飞机主动热控系统中设有多种适应于复杂环境下的散热设备，其主要热排散设备如下。

（1）氨沸腾器子系统（ABS）

该设备用于航天飞机轨道再入过程中的散热，当航天飞机高度降至 36 600 m 以下时开启氨沸腾器。在航天飞机的实际运行中，除发生发射中断外，氨沸腾器还为航天飞机提供着陆之后地面应急冷却，直到地勤人员完成与地面换热器设备的连接之后才关机。Simon（1994）[37] 在文献中提到：氨沸腾器的散热能力为 33.2 kW，最大总散热量为63 300 kJ。

（2）闪蒸器子系统（FES）

该装置的功能为：

1）航天飞机上升阶段高度超过 30 500 m 后作为主热沉使用；

2）航天飞机再入阶段高度降至 30 500 m 前作为主热沉使用；

3）航天飞机在轨且舱门打开时作为辅助热沉，协助辐射器应对峰值热流；

4）航天飞机在轨且舱门未打开时作为主热沉使用。

上述第 1）、第 2）和第 4）种情况下，闪蒸器作主热沉用，工作在大热负荷模式下，散热能力为 43.4 kW；在第 3）种情况下，闪蒸器工作在小热负荷模式下，散热能力为 11.4 kW。闪蒸器系统的排气管、喷管和工质管路共需使用 1 435.5 W 的电加热功率，用于加热管路，防止冷却液结冰。

（3）地面支持设备热交换器（GSE HX）

该装置功能为，在地面阶段为航天飞机提供冷却散热。航天飞机发射前和地面停机完成后，地勤人员将地面空调车管路接至相应接口，使用地面热交换器将航天飞机舱内热量

① 相当于在轨 6 天耗费了三套液氢和液氧贮箱的燃料，最终转换为 15 kW 的输出电能。

带走。Simon（1994）[37]指出，该换热器散热能力为 31.4 kW。Jaax（1978）[38]指出了地面热交换器的体积为 7.04×10^{-3} m³，干重为 6.1 kg。

（4）辐射器

航天飞机辐射器由 6 或 8 块辐射板组成，辐射器安装在有效载荷舱的内部用于轨道散热。当有效载荷舱舱门打开时，辐射器作为主热沉使用。为了提高辐射器有效散热面积，位于飞行器前方的两块辐射器可以从舱门上再次展开，而其他辐射器则均固连于舱门上。这些具有相同构型的辐射器经过预冷之后，在航天飞机变轨时使用，可作为热沉。Rotter（1987）[39]指出辐射器散热的能力与轨道高度和姿态有关。根据 Jaax（1978）[38]的研究，6 块辐射器构型的最大散热能力为 22.0 kW，此构型下该系统总质量为 573.2 kg（包含工质氟利昂 21）。完全展开之后，辐射器有效辐射面积为 114.3 m²，单位辐射面积的质量为 5.01 kg/m²。8 块辐射器的最大散热能力为 28.1 kW，总质量为 744.7 kg，辐射器有效辐射面积为 140.4 m²，单位辐射面积的质量为 5.30 kg/m²。因为所有已运行的航天飞机都采用 8 块辐射器（Rotter，1996）[40]，所以后续分析皆以 8 块辐射器构型为准。辐射器的详细规格如下（Jaax，1978）[38]。

每块辐射器尺寸：

- 长度（所有）：4.60 m；
- 宽度（所有）：3.20 m；
- 厚度（前部和中前部面板）：0.022 9 m；
- 厚度（后部和中后部面板）：0.012 7 m。

蒙皮（铝 2024）：

- 厚度：279×10^{-6} m；

蜂窝夹层（铝 5056－H39）：

- 密度：49.7 kg/m³。

面板内埋管路（铝 5083）：

- 外径：0.022 2 m；
- 壁厚：889×10^{-6} m。

辐射器管路（铝 6061－T6）：

前部和中前部辐射器：

- 单块辐射器管路数量：68；
- 外径：0.004 75 m；
- 壁厚：589×10^{-6} m。

后部和中后部辐射器：

- 单块辐射器管路数量：26；
- 外径：0.005 99 m；
- 壁厚：508×10^{-6} m。

表 3－35 为航天飞机辐射器有效面积，表 3－36 为航天飞机辐射器质量。

表 3-35 航天飞机辐射器有效面积

航天飞机（氟利昂回路）	前辐射器/m^2	中前辐射器/m^2	中后辐射器/m^2	后辐射器/m^2
左侧(回路 1)	21.93	22.58	12.89	13.15
右侧(回路 2)	21.73	22.32	12.79	13.03
平均有效面积①	21.83	22.45	12.84	13.09

表 3-36 航天飞机辐射器质量

类别	前辐射器/kg	中前辐射器/kg	中后辐射器/kg	后辐射器/kg
蒙皮	22.8	22.8	22.8	22.8
蜂窝板	15.5	15.5	8.3	8.3
内埋管路	2.0	2.0	2.0	2.0
流体管路	11.4	11.4	5.6	5.6
其他部分	40.2	43.6	38.8	40.2
工质(氟利昂 21)	8.5	7.7	5.7	6.8
单个辐射器总质量	100.4	103.0	83.2	85.7

图 3-11 中只显示了两个氟利昂 21 流体回路中的一个。第二个回路除了使用右舷辐射器作为热沉外，其他情况与第一个回路相似。

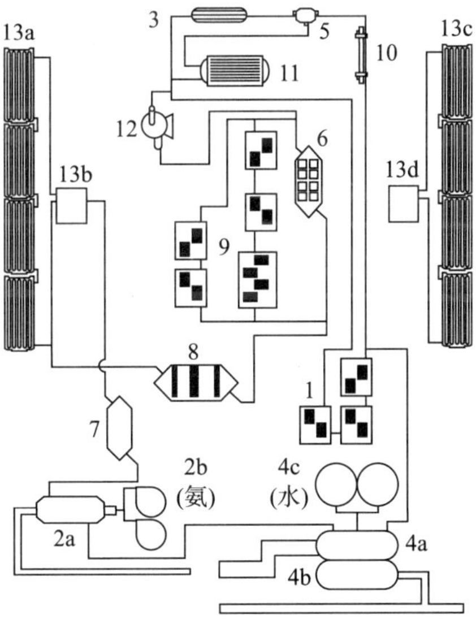

图 3-11 航天飞机主动热控系统完整示意图

1—后舱冷板；2—氨沸腾器子系统（a 沸腾器，b 氨储箱）；3—座舱换热器；4—闪蒸子系统（a 高热负荷单元，b 上部单元，c 水贮箱）；5—流量分配控制阀；6—燃料电池热交换器；7—地面热交换器；8—液压油热交换器；9—中舱冷板；10—氧化剂节流阀；11—有效载荷热交换器；12—泵（氟利昂 21）；13—流体回路辐射器（a 舱门辐射器，b 舱门流体控制集合，c 右舷辐射器，d 舱门流体控制集合）

① 所有辐射器的总有效面积为 140.42 m^2。这里的有效面积指可与环境(空间)进行热交换的表面。因为翅片效率目前是未知的，这里并不考虑，所以都取为 1。

辐射面积及质量分解情况（Jaax，1978）[38] 如下。

铝密度：

- 2024：2770 kg/m^3；
- 5083（假设）：2660 kg/m^3；
- 6061－T6：2710 kg/m^3。

5）氟利昂 21 泵组件

航天飞机上两个泵组件内共安装有四台泵用来驱动氟利昂 21 在飞行器内部循环。每个泵组件内第二台泵作为备份通常不工作。每个泵组件的质量为 20.3 kg，体积为 0.180 m^3。氟利昂 21 回路的总体积是 0.159 m^3（不含蓄电池）。两个氟利昂回路的体积不同，回路 1 体积占了总体积的 51.8％。从泵特性曲线（Mistrot，1994）[41] 可以得出，现有的泵相关参数如表 3－37 所示。

表 3－37　现有泵相关参数

泵质量流量/(kg/s)①	泵压头/kPa	泵输入功率/kW
0.283	501	0.340
0.321	469	0.360
0.340	455	0.370
0.378	416	0.389

航天飞机主动热控系统组件分解如表 3－38、表 3－39 所示。

表 3－38　航天飞机外部热控系统各个散热部件

航天飞机外部热控系统部件	单个系统所含数量	总质量		最大散热能力	
		kg	lb_m	kW	kBtu/hr
氨沸腾器	1			33.2	113.2
设备		27.6	60.8		
氨		44.3	97.6		
排气管路②		—	—		
闪蒸器	1				
闪蒸子系统(FES)		28.6	63.0		
进液管及喷嘴		45.8	100.9		
水贮箱		4.5	100.9		
供水					
最大供应能力		299.4	660		
最低需求量		90.7	200		
高载荷模式				43.4	148.0

① 这些流量包括最小循环流量和最大循环流量。

② 参考资料没有给出排气管路的质量，尽管该项质量不是无足轻重。

续表

航天飞机外部热控系统部件	单个系统所含数量	总质量		最大散热能力	
		kg	lb_m	kW	kBtu/hr
仅顶部闪蒸腔工作模式				11.4	39.0
流量控制组合	2				
干重		22.1	48.8		
流体质量		1.4	3.0		
地面换热器	1	6.1	13.4	31.4	107.0
辐射器①					
铝管		8.3	18.2		
铝管内流体		2.0	4.5		
面板干质量	6	529.5	1167.4	22.0	75.0
面板内流体质量		43.7	96.4		
面板与套件	8	687.3	1515.2	28.1	96
面板与套件内流体质量		57.4	126.6		
外部热控系统散热组件总计					
使用 6 个辐射器		672.5	1482.5		
使用 8 个辐射器		830.3	1830.3		
其他流体②		44.3+ 90.7	97.6+ 200.0		
最大散热					
上升或降落				43.4	148.0
在轨(8 个辐射器)				39.5	135.0
地面-氨沸腾器				33.2	113.2
地面-地面换热器				31.4	107.0

表 3-39　航天飞机其他外部热控系统部件

航天飞机其他外部热控系统部件	单个系统所含数量	总质量		最大散热能力③	
		kg	lb_m	kW	kBtu/hr
后舱冷板	7	44.0	96.9		
最大热负荷				−2.9	−10.0
在轨热负荷				−1.8	−6.3
O_2节流阀	2	1.4	3.0		
换热器	1	14.5	32.0	−14.2	−48.3

① 航天器处于最佳辐射散热姿态下的散热量(Jaax,1978)[38]。
② 表中“+”是指氨闪蒸系统的氨工质加上闪蒸子系统中水工质。热控系统总的氟利昂 21 工质包含在表 3-31 中。
③ 散热能力为负值是指硬件将热量收集后传输到热控系统,而不是排散。

续表

航天飞机其他外部热控系统部件	单个系统所含数量	总质量		最大散热能力	
		kg	lb_m	kW	kBtu/hr
载荷舱热交换器	1	14.9	32.8		
最大热负荷					
舱门关闭				−1.5	−5.2
舱门打开					
6个辐射器				−6.3	−21.5
8个辐射器				−8.5	−29.0
燃料电池热交换器	2	14.6	32.2	−13.2	−44.9
中舱冷板	2	28.8	63.6	−1.4	−4.7
液压油热交换器	1	10.6	23.4	4.4	15.0
流量分配部分					
流量控制模块	1	1.7	3.7		
泵组件	2	40.6	89.5		
铝管①		—	—		
总流体质量(只有氟利昂21)②		229.5	505.9		
总的其他外部热控系统部件					
设备(无工质)		171.1	377.1		
流体		229.5	505.9		

为了与国际空间站热控系统的定义协调一致，上述表格均只列出外部热控系统的部件，而“内部热控系统”一词用于指代航天飞机舱内主动热控系统的水循环回路。

基于表格3-30和3-31，航天飞机（STS）升级任务的基础外部热控系统质量包括1 365.9 kg的设备和364.5 kg的流体。当泵消耗功率为0.720 kW时的能耗转换质量为72.0 kg。所以，基础方案每架航天飞机外部热控系统总质量为1 437.9 kg，经过140次飞行任务的累加后，热控系统全任务周期内的总质量为201 306 kg。

3.2.3 参数研究

与3.1.4节国际空间站的研究方法类似，基于各辐射器间总的能量守恒，可建立航天飞机辐射散热的简化模型。这里把航天飞机的真实飞行数据假定为基础工况。本文选择航天飞机STS-41（1990）[42]飞行任务作为研究样本。为了实现对辐射器散热量的精确评估，定义了一个时间参数，该参数为辐射器出口温度高于氟利昂回路设定温度值276.5±1.1 K时刻。此研究工况下，氟利昂液体全部流经辐射器，没有流经旁路。STS-41在升

① 铝管的质量对于空间运输系统的航天器尺寸非常重要，但文献中并没有给出参考。

② 该数值是基于航天飞机使用了8个辐射器，共有0.167 m^3辐射面积时，系统中所有氟利昂21在294.3 K下进行质量估算。这是氟利昂回路中循环的总氟利昂21质量。

空 14 h 后，开始采集该状态数据。

假设和约束：

1）两氟利昂回路中工质均全部流经相应的辐射器组件。

2）任一回路的有效散热面积均只有总面积的一半，为 70.2 m^2。这里假定舱门前部两侧的两辐射器均处于展开状态。

3）辐射器表面与回路内氟利昂 21 平均温差为 1.5 K。

4）由已知的氟利昂 21 物性参数（Mistrot，1994）[41]可以计算得出平均热容，该热容可用于流体侧的传热计算，公式如下：

$$\overline{c}_p(\overline{T}) = [0.9335 + 0.001231\exp(0.01555\,\frac{1}{K}\overline{T})]\,\frac{\text{kW}\cdot\text{s}}{\text{kg}\cdot\text{K}}$$

该参数研究可以计算航天飞机两套辐射器的散热量。通过 STS－41 任务（状态 A）的飞行数据，发现升空 14 h 后，辐射器的散热量为 15.84 kW。

输入常数：

1）斯蒂芬-玻尔兹曼常数：5.67×10^{-8} kW/（$m^2\cdot K^4$）；

2）每个氟利昂回路散热面积：70.2 m^2；

3）红外发射率①：0.76；

4）计算残差：0.000 01。

初始算例用 STS－41（状态 A）的飞行数据做验证，接下来的一系列算例涵盖了回路工质质量流量和入口温度的最大、最小工况，这些状态提供了航天飞机现有辐射器散热能力设计边界（见表 3－40～表 3－46）。

表 3－40　初始算例 STS－41（状态 A）的散热能力设计边界

	状态 A 回路 1/回路 2
氟利昂 21 质量流量/(kg/s)	0.334 0/0.351 3
氟利昂 21 入口温度/K	301.1/300.4
热沉温度/K	258.9/252.5
氟利昂 21 平均温度/K	290.4/289.0
辐射器平均温度/K	288.9/287.5
氟利昂 21 平均比热/[kW·s/(kg·K)]	1.05/1.04
氟利昂 21 出口温度/K	279.7/277.6
回路散热量/kW	7.48/8.37
每个辐射器总散热量/kW	15.85
单位面积散热量/(kW/m^2)	0.113

① Jaax（1978）[38]。

表 3-41　航天飞机现有辐射器处于状态 B1A、B1B 与 B1C 时的散热能力设计边界

	状态 B1A 回路 1/回 2	状态 B1B 回路 1/回路 2	状态 B1C 回路 1/回路 2
氟利昂 21 质量流量/(kg/s)	0.283 5/0.283 5	0.283 5/0.378 0	0.378 0/0.378 0
氟利昂 21 入口温度/K	283.2/283.2	283.2/283.2	283.2/283.2
热沉温度/K	199.8/199.8	199.8/199.8	199.8/199.8
氟利昂 21 平均温度/K	265.8/265.8	265.8/269.2	269.2/269.2
辐射器表面组件平均温度/K	264.3/264.3	264.3/267.7	267.7/267.7
氟利昂 21 平均比热/[kW·s/(kg·K)]	1.01/1.01	1.01/1.01	1.01/1.01
氟利昂 21 出口温度/K	248.5/248.5	248.5/255.3	255.3/255.3
回路散热量/kW	9.95/9.95	9.95/10.72	10.72/10.72
每个辐射器总散热量/kW	19.90	20.67	21.44
单位面积散热量/(kW/m²)	0.142	0.147	0.153

表 3-42　航天飞机现有辐射器处于状态 C1A、C1B 与 C1C 时的散热能力设计边界

	状态 C1A 回路 1/回路 2	状态 C1B 回路 1/回路 2	状态 C1C 回路 1/回路 2
氟利昂 21 质量流量/(kg/s)	0.283 5/0.283 5	0.283 5/0.378 0	0.378 0/0.378 0
氟利昂 21 入口温度/K	322.0/322.0	322.0/322.0	322.0/322.0
热沉温度/K	199.8/199.8	199.8/199.8	199.8/199.8
氟利昂 21 平均温度/K	293.0/293.0	293.0/298.6	298.6/298.6
辐射器表面平均温度/K	291.8/291.8	291.8/297.1	297.1/297.1
氟利昂 21 平均比热/[kW·s/(kg·K)]	1.05/1.05	1.05/1.06	1.06/1.06
氟利昂 21 出口温度/K	264.6/264.6	264.6/275.3	275.3/275.3
回路散热量/kW	17.11/17.11	17.11/18.76	18.76/18.76
每个辐射器总散热量/kW	34.22	35.87	37.51
单位面积散热量/(kW/m²)	0.244	0.255	0.267

表 3-43　航天飞机现有辐射器处于状态 B2A、B2B 与 B2C 时的散热能力设计边界

	状态 B2A 回路 1/回路 2	状态 B2B 回路 1/回路 2	状态 B2C 回路 1/回路 2
氟利昂 21 质量流量/(kg/s)	0.283 5/0.283 5	0.283 5/0.378 0	0.378 0/0.378 0
氟利昂 21 入口温度/K	283.2/283.2	283.2/283.2	283.2/283.2
热沉温度/K	227.6/227.6	227.6/227.6	227.6/227.6
氟利昂 21 平均温度/K	270.0/270.0	270.0/272.5	272.5/272.5
辐射器表面平均温度/K	268.5/268.5	268.5/271.0	271.0/271.0
氟利昂 21 平均比热/[kW·s/(kg·K)]	1.05/1.05	1.05/1.06	1.06/1.06
氟利昂 21 出口温度/K	256.8/256.8	256.8/261.9	261.9/261.9
回路散热量/kW	7.60/7.60	7.60/8.21	8.21/8.21

续表

	状态 B2A 回路 1/回路 2	状态 B2B 回路 1/回路 2	状态 B2C 回路 1/回路 2
每个辐射器总散热量/kW	15.21	15.81	16.42
单位面积散热量/(kW/m^2)	0.108	0.113	0.117

表 3-44　航天飞机现有辐射器处于状态 C2A、C2B 与 C2C 时的散热能力设计边界

	状态 C2A 回路 1/回路 2	状态 C2B 回路 1/回路 2	状态 C2C 回路 1/回路 2
氟利昂 21 质量流量/(kg/s)	0.283 5/0.283 5	0.283 5/0.378 0	0.378 0/0.378 0
氟利昂 21 入口温度/K	322.0/322.0	322.0/322.0	322.0/322.0
热沉温度/K	227.6/227.6	227.6/227.6	227.6/227.6
氟利昂 21 平均温度/K	297.1/297.1	297.1/301.6	301.6/301.6
辐射器表面平均温度/K	295.6/295.6	295.6/300.1	300.1/300.1
氟利昂 21 平均比热/[kW·s/(kg·K)]	1.06/1.06	1.06/1.07	1.07/1.07
氟利昂 21 出口温度/K	272.1/272.1	272.1/281.3	281.3/281.3
回路散热量/kW	14.97/14.97	14.97/16.43	16.43/16.43
每个辐射器总散热量/kW	29.93	31.40	32.86
单位面积散热量/(kW/m^2)	0.213	0.224	0.234

表 3-45　航天飞机现有辐射器处于状态 B3A、B3B 与 B3C 时的散热能力设计边界

	状态 B3A 回路 1/回路 2	状态 B3B 回路 1/回路 2	状态 B3C 回路 1/回路 2
氟利昂 21 质量流量/(kg/s)	0.283 5/0.283 5	0.283 5/0.378 0	0.378 0/0.378 0
氟利昂 21 入口温度/K	283.2/283.2	283.2/283.2	283.2/283.2
热沉温度/K	249.8/249.8	249.8/249.8	249.8/249.8
氟利昂 21 平均温度/K	274.5/274.5	274.5/276.2	276.2/276.2
辐射器表面平均温度/K	273.0/273.0	273.0/274.7	274.7/274.7
氟利昂 21 平均比热/[kW·s/(kg·K)]	1.02/1.02	1.02/1.02	1.02/1.02
氟利昂 21 出口温度/K	265.8/265.8	265.8/269.1	269.1/269.1
回路散热量/kW	5.03/5.03	5.03/5.44	5.44/5.44
每个辐射器总散热量/kW	10.06	10.47	10.88
单位面积散热量/(kW/m^2)	0.071 6	0.074 6	0.077 5

表 3-46　航天飞机现有辐射器处于状态 C3A、C3B 与 C3C 时的散热能力设计边界

	状态 C3A 回路 1/回路 2	状态 C3B 回路 1/回路 2	状态 C3C 回路 1/回路 2
氟利昂 21 质量流量/(kg/s)	0.283 5/0.283 5	0.283 5/0.378 0	0.378 0/0.378 0
氟利昂 21 入口温度/K	322.0/322.0	322.0/322.0	322.0/322.0
热沉温度/K	249.8/249.8	249.8/249.8	249.8/249.8

续表

	状态 C3A 回路 1/回路 2	状态 C3B 回路 1/回路 2	状态 C3C 回路 1/回路 2
氟利昂 21 平均温度/K	301.2/301.2	301.2/304.9	304.9/304.9
辐射器表面平均温度/K	299.7/299.7	299.7/303.4	303.4/303.4
氟利昂 21 平均比热/[kW·s/(kg·K)]	1.07/1.07	1.07/1.07	1.07/1.07
氟利昂 21 出口温度/K	280.3/280.3	280.3/287.9	287.9/287.9
回路散热量/kW	12.61/12.61	12.61/13.87	13.87/13.87
每个辐射器总散热量/kW	25.22	26.47	27.73
单位面积散热量/(kW/m^2)	0.180	0.189	0.198

3.2.4 用于空间运输系统升级的先进主动热控系统架构

升级后的航天飞机预计可再服役 20 年，平均每年参与 7 次飞行，总共 140 次飞行任务。本文中提出的先进主动热控系统安装后能在航天飞机剩余寿命周期内持续工作。当然，当航天飞机处于地面停机状态时，常规的地面维修应能够识别并替换任何失效的部件。正如 3.1 节所述，应用于航天飞机的每个先进方案都需要通过数值计算来评估累计减重量（140 次任务）。第 2 章已经对先进技术的定性评估进行了介绍。

3.2.4.1 低能耗两相热控技术

本研究参考 Ungar (1995)[1]对空间站进行的评估，对航天飞机低能耗两相热控系统①进行了分析。Ungar (1995)[1]采用了 4 种不同的热控系统架构对 3 种不同尺寸的空间站进行了评估。航天飞机的基础热控系统与采用单相流体回路的小型空间站热控系统最为相似。Ungar 也对低能耗两相热控系统进行了评估，该系统所需能耗较小，并且比单相流体回路的管径更小。两者所需辐射器面积大致相等。因此，在忽略流体管路差别的前提下，各热控系统的比较见表 3-47。

表 3-47 不同热控系统参数对比

	航天飞机基础热控系统		小型空间站(Ungar,1995)[1]			
			单相热控系统		低能耗两相热控系统	
	回路 1	回路 2	LTL	LTL	LTL	MTL
泵能耗/kW	0.360	0.360	0.320	0.320	0.068	0.080
辐射器面积/m^2	70.2	70.2	197	197	195	195
回路控制温度/K	276.5	276.5	275.2	275.2	275.2	287.2

在表中 LTL 指低温回路，MTL 指中温回路。航天飞机所使用的单相热控系统与 Ungar 提出的单相热控系统相似。航天飞机单相热控系统每条回路泵功率与小型空间站热控系统每条回路消耗的泵功率基本相同，航天飞机热控系统控温温度与小型空间站单相流

① 详见 2.1.2 节。

体热控系统的低温回路相似。对航天飞机而言，如果使用低能耗两相热控系统，则需要两套低温回路。改进后的航天飞机低能耗两相热控系统的泵功耗需求为 136 W。表 3－48 为低能耗两相热控系统与航天飞机热控系统对比分析。

表 3－48　低能耗两相热控系统与航天飞机热控系统对比分析

	现有航天飞机热控系统	低能耗两相热控系统	变化（1 次任务）	总变化（140 次任务）
泵能耗/kW	0.720	0.136	－0.584	
泵能耗转换质量/kg	72.0	13.6	－58.4	－8176.0

因为运载系统总质量只有轻微的减少，并且计算结果有一定的不确定性，所以认为这两个系统硬件具有相同的质量。

具体评估（140 次任务）：

- 设备减重：可忽略；
- 能耗节约：81.76 kW；
- 能耗转换质量：8 176 kg；
- 总减重：8 176 kg；
- 综合定性得分：－1。

3.2.4.2　轻质辐射器

利用参数化研究方法可对现有航天飞机辐射器采用轻质材料后的减重效果进行数值分析，表 3－49 为一架航天飞机辐射器的质量分解表。为了简化分析，将轻质材料的主要部件分为 4 类进行计算。

表 3－49　航天飞机辐射器各部件质量

分类	航天飞机单侧辐射器质量/kg	辐射器质量百分比/%
蒙皮及蜂窝板		37.3
蒙皮	91.2	
蜂窝板	47.6	
流体管路及内埋管		11.3
流体管路	34.0	
内埋管	8.0	
其他部分	162.8	43.7
工质	28.7	7.7
合计	372.3	100.0

本研究中航天飞机辐射器的组成质量在原基础上线性变换。本节中，假定蒙皮和蜂窝板质量降幅达 60%时，流体管路和并联管装置质量降幅可达 24%。其他设备项，包括面

板支撑和展开机构，质量降幅可达 18%。最后，假定流体质量保持不变[①]。

如前所述，轻质辐射器纯粹是推测性的。影响主动热控系统部件质量的两个重要因素，分别是散热系统设计及零件材料。两个因素现阶段还处于探索状态，轻质辐射器还处于开发阶段，结构与现有的辐射器有着很大的不同，其额外减重量目前无法量化。因而，该节主要研究能够确定减重量的辐射器部件，最后综合确定整体减重量。

与国际空间站轨道可替换辐射器单元情况相似，采用先进材料是最有可能显著降低面板蒙皮及蜂窝板质量的一种途径。流体管路和并联管等部件可实现一定程度的减重，但是这些部件的质量和尺寸由其内部包含的具有固定体积的流体所确定。“其他”类别包括展开机构和支撑结构。轻质辐射器支撑结构的质量也有减轻的余地，最后，流体质量与辐射器体积及流体工质密度相关。综上所述，该研究得出结论，当蒙皮及蜂窝板的质量减少了 60%时，辐射器总质量减少 33.0%（如图 3-12 所示）。

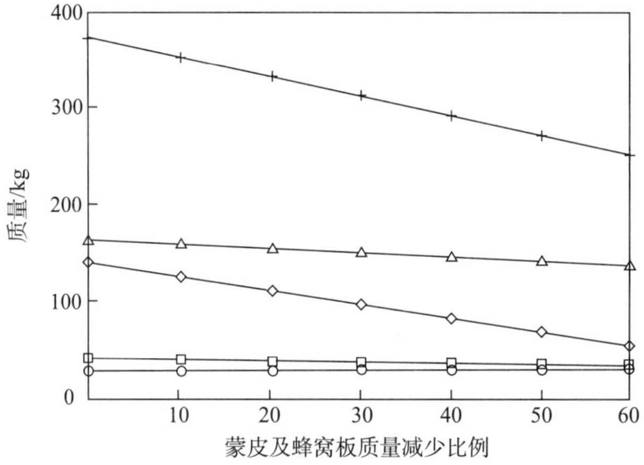

图 3-12　航天飞机辐射器蒙皮及蜂窝板质量减少值与辐射器总质量减少值关系图

—△— 其他部件；—◇— 蒙皮及蜂窝板；—○— 流体工质；—□— 流体管路及并联管；—+— 每侧辐射器质量

假设蒙皮及蜂窝板减重 10%，相应流体管路及并联管减重 4%，其他设备减重 3%。表 3-50 为不同部件质量减少比例。

表 3-50　不同部件质量减少比例

分类	蒙皮及蜂窝板质量减少比例		
	20%	40%	60%
蒙皮及蜂窝板/kg	111.0	83.3	55.5
流体管路及并联管/kg	38.6	35.3	31.9
其他部件/kg	153.0	143.3	133.5
流体/kg	28.7	28.7	28.7
单侧航天飞机辐射器总质量/kg	331.4	290.5	249.6

① 见第 2.4 节对轻质辐射器的背景和具体实例介绍。

续表

分类	蒙皮及蜂窝板质量减少比例		
	20%	40%	60%
单侧辐射器质量减少总量/kg	40.9	81.8	122.7
质量减少量占航天飞机初始辐射器质量比例/%	11.0	22.0	33.0
单位辐射面积辐射器质量/(kg/m^2)①	4.72	4.14	3.56

考虑 2.4 节所提到的轻质辐射器，选择减重量 22% 作为代表值，即航天飞机减重量 163.6 kg。对于运载器全寿命周期内的 140 次任务而言，累计减重 22 904.0 kg。因为工质状态相同，所需的驱动功不变。工程实际中，用于航天飞机升级方案的复杂流体回路辐射器的研究目前还处于概念阶段。

具体评估（140 次任务）：

- 设备减重：22 904 kg；
- 能耗转换质量：无；
- 总减重：22 904 kg。

3.2.4.3　相变蓄热

至少有两种将相变蓄热装置应用于航天飞机的方案。一种方案是用相变蓄热装置替换氨沸腾器，目前氨沸腾器的总设计散热量为 63 300 kJ。初步数值计算结果显示，散热能力相当的相变蓄热系统，仅相变材料②就重达 175.8 kg。而整个氨沸腾器系统只需要71.9 kg 的质量，所以利用相变蓄热替换氨沸腾器将导致发射质量增加。

第二种方案是将相变蓄热装置与闪蒸器和辐射器联合使用，提供辅助冷却。特别地，相变蓄热可降低闪蒸器的使用频率，从而降低冷却水的消耗量③。当辐射器散热能力高于当前轨道所需散热量时，相变蓄热材料处于凝固状态，当辐射器散热能力小于当前轨道所需散热量时，相变蓄热装置开始融化吸热。即使航天飞机处于大 β 角全日照区时，辐射器热负荷随着轨道位置的变化而变化，采用该方法也能满足散热需求。图 2－8 显示了相变蓄热装置应用于航天飞机时的使用情况④。

航天飞机是一个具有复杂散热特性的多功能飞行器，但是其所有任务均在近地轨道进行。所有轨道条件中，最有利于散热的是 β 角为 50°的轨道，最不利的轨道条件为全日照情况，对第二种极限工况，β 角为 75°。下面以轨道高度 407 400 m，有效载荷舱对地定向作为分析工况。辐射器进口温度固定为 308.2 K，每条回路的工质流量为 0.352 kg/s。根

① 这个值是通过假定安装有 8 个辐射器，辐射面积为 70.2 m^2。

② 假设相变蓄热装置工质为水，其蓄热密度为 10.0 kg/（kW·h）。

③ 按照设计，航天飞机使用的水是由燃料电池发电产生，提供给闪蒸系统使用。然而，在 21 世纪初，飞行器中燃料电池产生的水可能被作为饮用水的来源，被运送到国际空间站或供给给飞船中的航天员使用以延长任务周期。所以通过利用相变蓄热能有效节约闪蒸器子系统所消耗的水资源。

④ 详见 2.5.1 节。

据以上参数，数值分析①如表 3－51 所示。

表 3－51 不同 β 角散热参数分析

	轨道 β 角/(°)		
	0	50	75
轨道辐射器平均散热功率/kW	20.52	18.91	16.22
超过平均功率的散热量/kW·s	3 117.9	3 859.3	1 204.1
等量闪蒸器水质量/kg②	1.396 3	1.728 3	0.539 2

本研究中，考虑了两种相变材料。其中水的单位蓄热密度③为 18.0 kg/（kW·h）（包括封装材料）。而另一种长链烷烃（或称石蜡）——十二烷的单位蓄热密度为 30.2 kg/（kW·h）（包括封装材料）。表 3－52 为相变蓄热装置质量分析（基于一个轨道周期）。

表 3－52 相变蓄热装置质量分析（基于一个轨道周期）

相变蓄热装置参数	相变材料	
	水	十二烷
蓄热密度/[kg/(kW·h)]	10.0	16.8
蓄热密度＋封装/[kg/(kW·s)]④	0.005 00	0.008 40
β 角为 0°		
设计相变蓄热负荷/(kW·s)	3 117.9	3 117.9
相变蓄热装置质量/kg	15.59	26.19
β 角为 50°		
设计相变蓄热负荷/(kW·s)	3 859.3	3 859.3
相变蓄热装置质量/kg	19.30	32.42
β 角为 75°		
设计相变蓄热负荷/(kW·s)	1 204.1	1 204.1
相变蓄热装置质量/kg	6.02	10.11

本研究所取的案例为 STS－41 飞行任务，该任务时长为 6 天，假设轨道平均周期为 90 min，则任务周期为标准轨道 96 圈。使用十二烷作为相变蓄热材料后减重量如表 3－53 所示。

① 这里分析使用了 SINDA/FLUINT 和 TSS 计算飞行器中低温回路的辐射散热。确定了轨道平均辐射散热后，才确定上述能量是低于或高于平均散热量。该方法考虑了辐射器组件本身的热容。

② 根据假设，闪蒸系统中的水汽化潜热为 2 233 kW·s/kg(Lucas，1996)[51]。

③ 蓄热密度定义为 1 / 单位质量熔化热。

④ 包括约为相变蓄热装置质量 80% 的封装质量。

表 3－53　相变材料带来的减重量（采用十二烷作为相变蓄热装置材料）

	轨道 β 角/(°)		
	0	50	75
相变蓄热装置质量/kg	26.19	32.42	10.11
节约闪蒸水质量/kg	134.04	165.92	51.77
总减重量/kg	107.85	133.50	41.66

该技术应用最坏的情况就是航天飞机处于全日照轨道（β 角为 75°），而相变蓄热装置按照 β 角为 50°的轨道设计。这个案例中闪蒸器节约 51.77 kg 的水，而相变蓄热装置质量为 26.19 kg，相当于每次任务总的减重量 25.58 kg，全寿命周期减重量 3 581.2 kg。一般来说，航天飞机的飞行轨道 β 角会从 0°到 75°变化，有时甚至更高。假设这代表航天飞机每次任务工况，则使用相变蓄热可使每次任务平均节约闪蒸器用水 117.24 kg。若假设 β 角为 50°，每次任务平均的减重量为 84.82 kg，一架航天飞机全寿命周期可减重 11 875.3 kg。

具体评估（140 次任务）：

- 设备减重：11 875 kg；
- 能耗转换质量：可忽略；
- 总减重：11 875 kg；
- 综合定性得分：＋2。

3.2.5　小结

不同的先进热控技术以及它们的优点总结见表 3－54。从 3.2.2 节可知，基础外部热控系统在飞行器全寿命周期内的积累质量为 201 306 kg（140 次任务）。由于航天飞机在它的服役期内要发射多次，要求热控系统具有相对较小质量。因而，在它的服役期内的任何减重都是有益的。根据表 3－54，若采用轻质辐射器技术可以减轻整个热控系统质量的 11％，因此，可以认为基于复合材料的轻质流体管路辐射器是最合适的选择。而低能耗两相热控系统和相变蓄热系统相对空间运输系统基本架构的减重效果不明显。

表 3－54　适用于空间运输系统的先进主动热控技术总结

先进主动热控技术	总减重量/kg	减重百分比/％	定性评估得分
低能耗两相热控技术	8 176	4	－1
轻质辐射器	22 904	11	—
相变蓄热	11 875	6	＋2

假设在整个研究过程中质量不确定为 10％，那么使用先进热控技术至少要减少 20 131 kg才能确保整个热控系统质量得到减少。因为设计和研发成本也不能忽略，所以当质量节约达到 25％（50 327 kg）时才有意义，按照此评价标准，适用于航天飞机升级计划的先进热控技术可以分为以下 5 类。

1）采用先进热控技术后的热控系统，与基础外部热控系统比较，质量增加大于10%：无；

2）采用先进热控技术后的热控系统，与基础外部热控系统比较，质量增加不大于10%：无；

3）采用先进热控技术后的热控系统，与基础外部热控系统比较，质量减少小于10%：低能耗两相热控系统；

4）采用先进热控技术后的热控系统，与基础外部热控系统比较，质量减少在10%～25%范围之间：轻质辐射器；

5）采用先进热控技术后的热控系统，与基础外部热控系统比较，质量减少大于25%：无。

热控系统采用上述第三类先进技术的质量与基础外部热控系统相当，第四类先进热控技术更有应用前景。

上述有一项热控技术实际上是一种增强型技术。换言之，该项热控技术所产生的质量增减与热控系统的选择没有关系。所以：

1）带来质量增加的增强型热控技术：无；

2）带来质量减少的增强型热控技术：相变蓄热。

第 4 章　行星任务

本研究中月球前哨登陆器、永久月球基地和火星着陆器属于行星任务范畴。行星任务与地球轨道任务最主要的区别是重力场不同。另外，行星表面与太阳照射/阴影周期相关的时间常数从数十小时到数百小时不等。行星表面自身还可以作为热控系统等装置的安装表面。此外，与轨道空间环境下的热控系统相比较，有些行星表面存在大气环境，可能会在热控系统表面或易损构件上沉积多余物。

4.1　月球前哨登陆器

4.1.1　背景任务

人类重返月球可能的途径是发射一系列类似于阿波罗项目中所采用载人飞船的一次性运载器。Woodcock（1993）[43] 提出 FLO（First Lunnar Outpost）月球前哨登陆器方案，该方案使用两艘运载器，可为 4 名航天员在月球表面生存 45 天提供环境保障。其中一艘运载器把航天员从地球运送到月球表面，之后返回地球；另一艘运载器以无人形式先于航天员到达月球表面，用于提供航天员驻留月球表面期间的生存环境，该运载器是在国际空间站基础上改进的，使其能独立运行，这就成为了月球前哨登陆器。除居住舱外，月球前哨登陆器还包括了着陆架、下降发动机、外部贮箱、梯子、气闸装置以及可适应月昼和月夜环境的主动热控系统。在本研究中，连续工作的系统能质代偿系数为 616 kg/kW，太阳能驱动间歇工作的系统白天的能质代偿系数为 42.2 kg/kW（Woodcock，1993）[43]。本研究考虑两个月球前哨登陆器（两次登月任务各需一个月球前哨登陆器），计算两次任务的累加减重量。本研究未考虑将航天员轨道转移运载器以及将月球前哨登陆器从地球运送到月球的运载器。

4.1.2　基础方案

月球前哨登陆器的外部热控系统使用了低太阳吸收比、水平放置的辐射器①，采用液氨作为外部热控系统循环工质。内部热控系统循环工质为水。虽然登陆器在不处于月球表面的阶段时需要一些额外的冷却设备，但在本研究中为了简化不予考虑。辐射器上表面涂层为镀银特氟龙材料，假定其表面发射率为 0.8，太阳吸收率为 0.1，辐射器下表面进行隔热处理，可有效减少月球表面反照对辐射器的加热。辐射器的肋片效率和单位表面积质

---

① Cross（1995）[52] 的研究表明，若航天器在近地空间的任务持续超过一周，散热采用辐射器的质量明显小于蒸发系统。

量分别为 0.85 kg/m^2 和 6.0 $kg/m^2$①。Woodcock（1993）[43]假定月球前哨登陆器的外部热控系统配备热泵，在居住舱段上安装有 63 m^2 的固定辐射器，在固定辐射器的两端安装有可展开的辐射器，在月球前哨登陆器着陆月球表面后展开，可增加辐射器面积（图 4-1）。其中，展收式辐射器单位面积质量假定为 9.0 kg/m^2。增加的重量是因为增加了展收机构。外部热控系统的散热量为 16 kW，泵总功率为 0.3 kW（Woodcock，1993）[43]。在本研究中，基础外部热控系统中不包含热泵，热泵是作为一先进技术来考虑。因此，月球前哨登陆器外部热控系统设计如下。

（1）整个外部热控系统性能

1）散热量：16.0 kW；

2）外部热控系统质量流量：0.145 3 kg/s；

3）外部热控系统工质：液氨。

（2）低太阳吸收率，水平辐射器

1）太阳辐射率：0.80；

2）太阳吸收率：0.10；

3）肋片效率：0.85；

4）辐射器平均表面温度：285.0 K；

5）外部热控系统工质平均温度：286.5 K；

6）辐射器出口温度：274.82 K；

6）辐射器进口温度：298.18 K；

7）辐射器流阻：48.26 kPa；

8）泵效率：0.45；

9）辐射器泵功率：0.024 8 kW。

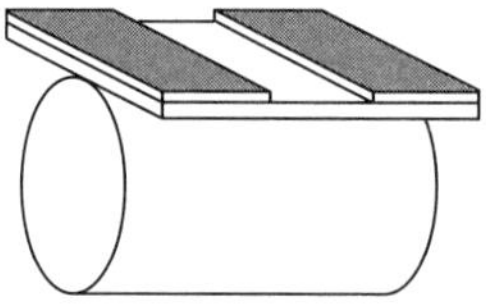

（a）

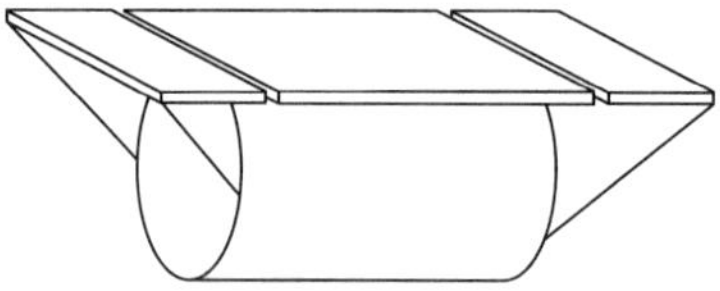

（b）

图 4-1　典型展收式辐射器示意图

图 4-1（a）为当航天器外部热控系统处于非运行状态时，可展开式辐射器收拢，保

① 包括 5.20 kg/m^2 辐射器面板和 0.80 kg/m^2 的基础结构和安装部件（Woodcock，1993）[43]。

护辐射器表面。图 4－1（b）为辐射器展开的效果图，当全部辐射器都展开后，固定辐射的面积为 63 m^2，固定辐射器两端通过安装可展开的辐射器增加辐射面积。

（3）单个月球前哨登陆器的外部热控系统质量统计

1）辐射器表面积①：116.08 m^2；

2）基础辐射器支撑结构：50.4 kg；

3）增加面板的支撑和展收机构：201.7 kg；

4）辐射器面板质量：603.62 kg；

5）总辐射器质量：855.72 kg；

6）展收电机：10.0 kg；

7）泵功耗：0.3 kW；

8）泵能耗转换质量：184.80 kg；

9）外部热控系统系统总质量②：1 050.5 kg。

对于基础方案，单位面积上辐射器平均质量为 7.37 kg/ m^2。图 4－2 给出了整个月球前哨登陆器外部热控系统基础结构简图。

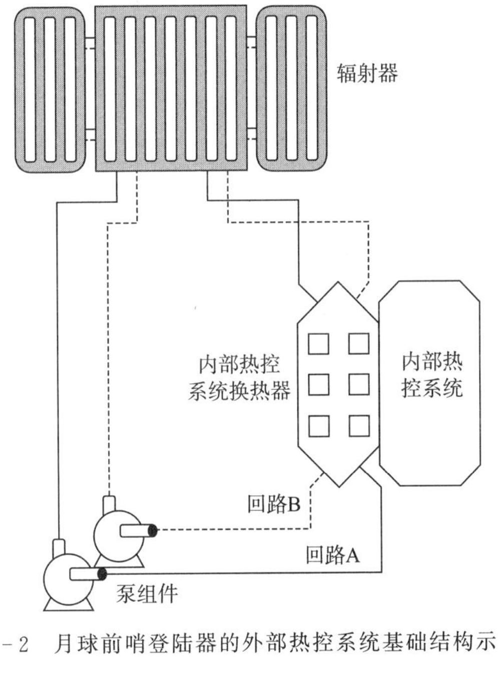

图 4－2　月球前哨登陆器的外部热控系统基础结构示意图

4.1.3　参数研究

由于月球前哨登陆器仍在设计阶段，本文对基础外部热控系统的研究都通过参数分析

① 辐射器的大小是运用 4.1.3 节中的研究计算出来的，通过假设辐射器平均表面温度为 285 K 得出。

② 这个总质量没有计算外部热控系统的工质、泵组、管道及配件。虽然这些部分的质量同样重要，但在基础和先进技术方案中它们的预期质量不会改变。相比之下，如果一个阿波罗飞船使用升华器在 45 天排散 16 kW 的热负荷，将消耗 25 500 kg 的水，还不包括储罐和其他设备的质量。

来确定。液氨的密度和比热由通过曲线拟合得到的外部热控系统回路平均温度决定。

$$\bar{\rho}(\bar{T})=\left\{-0.002\,\frac{1}{K^{2}}\bar{T}^{2}-0.223\,\frac{1}{K}\bar{T}+858.9666\right\}\mathrm{kg/m^{3}}$$

$$\bar{c}_{p}(\bar{T})=\left[0.006\,\frac{1}{K}\bar{T}+2.995\right]\frac{\mathrm{kW\cdot s}}{\mathrm{kg\cdot K}}$$

除了上述参数，其他假定的参数还有：

1）斯蒂芬-波尔兹曼常数：5.670×10^{-11} kW/（$m^2\cdot K^4$）；

2）月球正午太阳辐射热流：1.371 kW/m^2；

3）空间环境温度：3 K；

4）最大辐射器出口温度（外部热控系统设定点温度）：274.82 K；

5）外部热控系统回路温度：274.65 K；

6）辐射器表面温度。

基于航天器安全考虑，图 4－2 中月球登陆器外部热控系统包含两个回路。然而，为了简化计算及分析，对于前哨登陆器任务，两个回路的热负荷和泵功合并成整体考虑。

因为在本研究之前，月球前哨登陆器辐射器没有具体尺寸，表面太阳吸收率和平均辐射温度限定在一定范围内。这两个参数的变化将对辐射器面积带来影响。镀银特氟龙初期的太阳吸收率大约在 0.08～0.09（Peck，1990）[44]，但是在着陆器工作 45 天后材料表面热控特性会发生退化，假设该值为 0.1。由于该基础方案未包含热泵，辐射器面积约是 Woodcock（1993）[43]提出的 2 倍。另外，外部热控系统回路温度比国际空间站或航天飞机温度更高。辐射面积的分析如表 4－1、表 4－2 和图 4－3、图 4－4 所示。

表 4－1　不同外部热控系统流体回路参数与辐射器温度的数值关系

	辐射器平均温度					
	275 K	280 K	285 K	290 K	295 K	300 K
外部热控系统回路平均温度/K	276.5	281.5	286.5	291.5	296.5	301.5
氨平均比热/[kW·s/(kg·K)]	4.65	4.68	4.71	4.74	4.77	4.80
氨平均密度/(kg/m^3)	641.6	634.9	628.1	621.1	614.1	606.9
氨质量流量/(kg/s)	1.023 9	0.255 7	0.145 3	0.101 1	0.077 3	0.062 4
辐射器所需泵功/kW	0.171 1	0.043 2	0.024 8	0.017 5	0.013 5	0.011
夜间所需辐射面积/m^2	72.56	67.52	62.90	58.67	54.80	51.23

表 4－2　辐射器面积与辐射器温度及太阳吸收率之间的数值关系

太阳吸收率 \ 辐射器面积/m^2 \ 辐射器平均温度	275 K	280 K	285 K	290 K	295 K	300 K
0.080	125.71	111.30	99.29	89.15	80.50	73.04
0.085	131.74	116.00	103.02	92.14	82.93	75.03
0.090	138.38	121.12	107.03	95.34	85.51	77.14

续表

太阳吸收率 \ 辐射器平均温度 辐射器面积/ m^2	275 K	280 K	285 K	290 K	295 K	300 K
0.095	145.73	126.71	111.37	98.77	88.26	79.37
0.10	153.89	132.84	116.08	102.46	91.19	81.73
0.11	173.32	147.07	126.80	110.72	97.68	86.90
0.12	198.36	164.71	139.70	120.43	105.16	92.78
0.13	231.86	187.16	155.53	132.01	113.88	99.50
0.14	278.97	216.70	175.40	146.06	124.18	107.27
0.15	350.10	257.32	201.09	163.44	136.53	116.37
0.16	469.93	316.66	235.59	185.53	151.60	127.14
0.17	125.71	111.30	99.29	89.15	80.50	73.04
0.18	131.74	116.00	103.02	92.14	82.93	75.03
0.18	138.38	121.12	107.03	95.34	85.51	77.14
0.20	145.73	126.71	111.37	98.77	88.26	79.37

图 4－3 是着陆器位于月球赤道，在月昼中午时刻排散 16 kW 热量所需的辐射器面积。其中横坐标为辐射器表面平均温度，纵坐标为辐射器面积。在分析中假定辐射器效率为 0.85，表面发射率为 0.8，镀银特氟龙表面初始时太阳吸收率为 0.08，寿命末期太阳吸收率为 0.15。

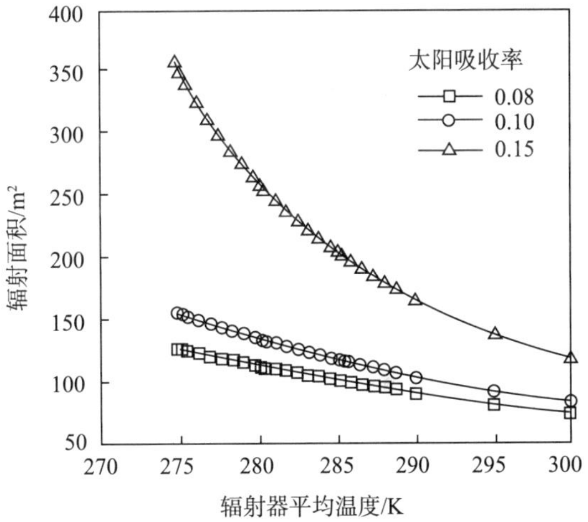

图 4－3　不同太阳吸收率下，辐射器面积与辐射器表面平均温度的函数关系

图 4－4 是着陆器位于月球赤道，在月昼中午时刻排散 16 kW 热量所需的辐射器面积。其中横坐标为辐射器表面太阳吸收率，纵坐标为辐射器面积。在分析中假定表面发射率为 0.8，肋的效率为 0.85。曲线代表了辐射器不同表面平均温度下的辐射性能。与之相比较，航天飞机 STS－41 的辐射器表面平均温度为 288.3 K，而空间站 LVS 工况的表面平均温度为 273.9 K。

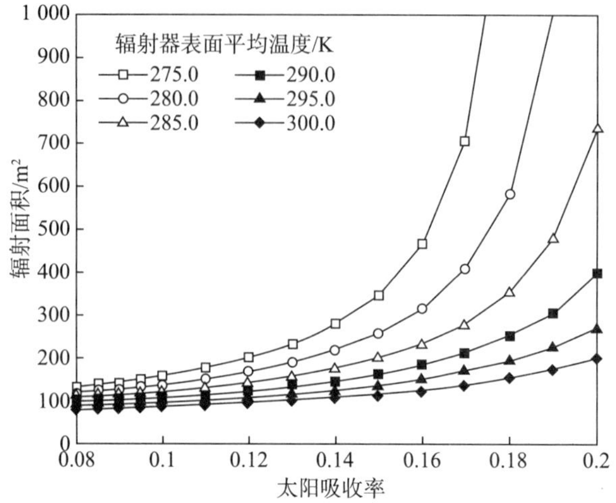

图 4-4　辐射器面积与太阳吸收率的函数关系

4.1.4　用于月球前哨登陆器的先进主动热控系统架构

假定月球前哨登陆器不能重复运输，一旦它完成登月目标后即停留在月球表面，但这并不意味着它能多次使用。事实上，月球前哨登陆器完成着陆后，航天员可在同一站点多次使用登陆器来执行任务，在驻留期间维修那些易损坏组件。在本研究中，假定外部热控系统不存在任何由于太阳辐照、空间碎片撞击或者由于登陆器着陆①的月尘污染等造成的严重退化。如前文所述，本文仅考虑了两个月球前哨登陆器热控系统。本节对每种可行的先进热控系统与基础热控系统进行对比分析并计算总减重量。其中，对各个先进技术的定性评估在第 2 章中已经完成。

4.1.4.1　低能耗两相热控技术

参考 Ungar (1995)[1]对不同尺寸空间站的评估，对月球前哨登陆器采用低能耗两相热控系统②的情况进行分析。不同热控系统的比较见表 4-3。

表 4-3　不同热控系统参数对比

	月球前哨登陆器基础热控系统	小型空间站(Ungar，1995)[1]			
		小型单相热控系统		低功耗两相热控系统	
		LTL	LTL	LTL	MTL
泵功耗/kW	0.300	0.320	0.320	0.068	0.080
辐射面积/m²	116.1	197	197	195	195
控温点/K	274.8	275.2	275.2	275.2	287.2

在表中 LTL 表示低温回路，MTL 表示中温回路。月球前哨登陆器基础热控系统使用

① 假定在登陆器的起飞和着陆时辐射器将收拢，这样将会减小登陆器着陆时激起的月面尘埃对辐射器表面涂层的损害。

② 详见 2.1.2 节。

了两个低温单相回路，表 4-3 中列出的月球前哨登陆器基础热控系统的数据是整个热控系统的总和。因此，将月球前哨登陆器热控系统与小型空间站热控系统比较，月球前哨登陆器单个回路的泵功耗仅为小型空间站单相热控系统回路的一半，两者的控温点基本相同，而月球前哨登陆器的辐射器面积仅为小型空间站单相热控系统辐射面积的 30%。若将月球前哨登陆器改为使用低能耗两相热控系统的低温回路，改进后的月球前哨登陆器低能耗两相热控系统的总功耗需求为 68 W，仅为 Ungar 评估的小型空间站的低能耗两相热控系统总泵功率的一半。表 4-4 为低能耗两相热控系统参数变化。

表 4-4　低能耗两相热控系统参数变化

	月球前哨登陆器基础热控系统	低功耗两相热控系统	相比基础的变化（1 个登陆器）	相比基础的变化（2 个登陆器）
泵功耗/kW	0.300	0.068	−0.232	—
泵功转换质量/kg	184.8	41.9	−142.9	−285.8

总的来说，两相热控系统比单相热控系统更轻。然而，和一般航天器相比，月球前哨登陆器只是一个小型航天器，两相热控系统无法提供大规模的减重。

具体评估（2 次任务）：

- 设备减重：可忽略；
- 能耗节约：0.464 kW；
- 能耗转换质量：286 kg；
- 总减重：286 kg；
- 综合定性得分：−1。

4.1.4.2　电液泵驱动两相热控技术

基于 2.1.3 小节的讨论，月球前哨登陆器可以采用电液泵驱动两相热控技术。电液泵驱动两相热控系统相比低功耗两相热控系统有一定的减重，和基础热控系统相比，具有明显的减重优势。然而，由于该技术数据有限，目前还不能确定具体的减重量。

具体评估（2 次任务）：

- 设备减重：未知；
- 能耗节约：未知；
- 能耗转换质量：未知；
- 总减重：未知；
- 综合定性得分：+2。

4.1.4.3　毛细泵回路

基于 4.1.2 小节提到的基础方案，毛细泵回路①预计可节省登陆器外部热控系统泵功 0.3 kW。月球前哨登陆器仅需要一个毛细泵回路就可以解决散热。两个月球前哨登陆器

① 毛细泵回路背景介绍见 2.1.4 节。

任务的泵功按能质代偿系数 616 kg/kW 计算，可节省质量 369.6 kg。

具体评估（2 次任务）：

- 设备减重：无；
- 能耗节约：0.30 kW；
- 能耗转换质量：370 kg；
- 总减重：370 kg；
- 综合定性得分：0。

4.1.4.4 太阳能蒸气压缩热泵

蒸气压缩热泵用于提高辐射器的散热温度，因此可减少所需的辐射面积。事实上，正如月球前哨登陆器基础方案中所述，Woodcock（1993）[43]反对仅用辐射器，而在月球前哨登陆器外部热控系统中采用了蒸气压缩热泵。在月球上使用连续工作的热泵是没有必要的，也是不科学的，因为它会在夜晚继续消耗能源。本研究不单独对非太阳能热泵做详细分析。这里的分析沿用了 3.1.5.4 小节中的研究结果，并采用了 4.1.2 小节中的基础方案来评估月球前哨登陆器热泵，并作出以下假设：

1）由于采用太阳能蒸气热泵，能质代偿系数为 42.2 kg/kW；

2）由于月球前哨登陆器结构紧凑且比航天飞机小，热泵蒸发器通过换热器与内部热控系统直接进行热交换（图 4-5）；

3）假定内部热控系统泵功耗稳定不变；

4）保留基础外部热控系统的泵功率并累加到内部热控系统的泵功耗上①。

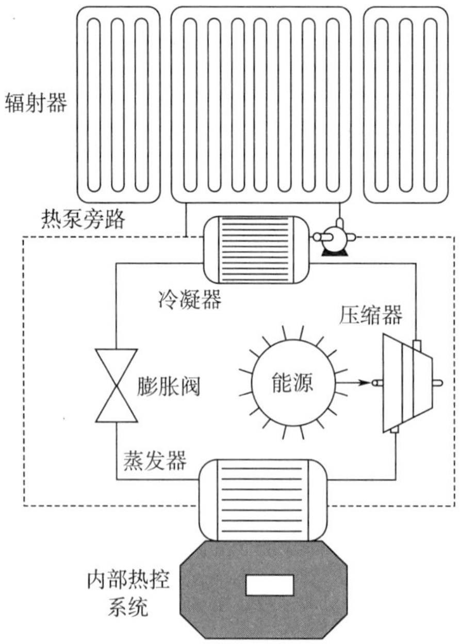

图 4-5 月球登陆器使用的与太阳能蒸气压缩热泵耦合的外部热控系统

① 考虑内部热控系统管路更长，内部热控系统的泵功耗更大。

如图 4 - 6 所示，当热泵温升为 27.5 K 且外部热控系统的流体质量流量增加到 0.368 kg/s 时，外部热控系统质量最小。具体指标如下：

1）冷端温度 T_c：286.5 K；

2）温升 $T_h - T_c$：27.5 K；

3）热端温度 T_h：314.0 K；

4）辐射器入口温度 T_{in}：310.0 K；

5）月球表面正午太阳辐射热流：1.371 kW/m^2；

6）环境温度 T_{space}：3.0 K；

7）总散热量 Q_c：16.00 kW；

8）工作性能系数 COP_{Carnot}：10.05；

9）热泵效率 η①（Ewert，1991）[32]：0.50；

10）需要输入能量 W_{real}：3.18 kW。

外部热控系统辐射器用 4.1.3 小结参数研究的模型计算。

1）太阳反射率：0.80；

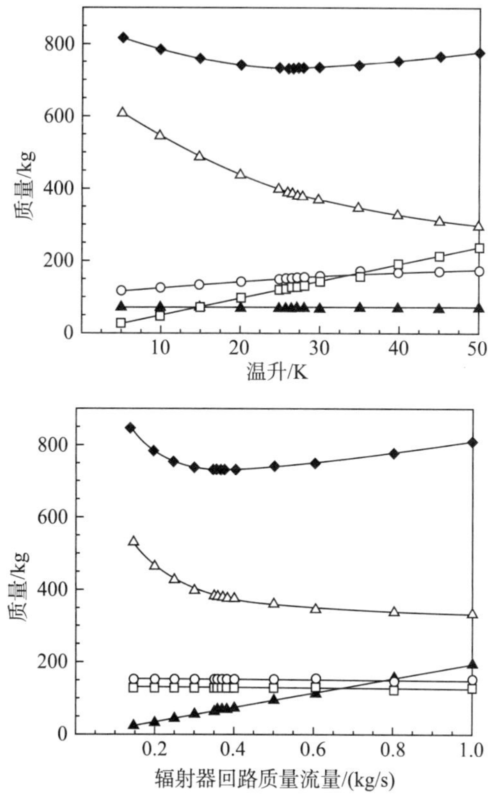

图 4 - 6　月球登陆器的外部热控系统质量变化的函数关系

—□— 热泵功耗转换质量；—▲— 泵功耗转换质量；—○— 热泵；—△— 辐射器；—◆— 总值

① 与卡诺循环性能系数（COP）的百分比。

2）太阳吸收率：0.10；

3）肋片效率：0.85；

4）辐射器氨质量流量：0.368 kg/s。

热泵蒸发器直接从内部热控回路吸收热量，热泵冷凝器将热量传递给外部热控系统的辐射器，而在月夜的时候热泵停止工作。

1）氨平均温度：300 K；

2）平板表面平均温度：298.5 K；

3）单位面积总散热量：0.304 kW/m^2；

4）辐射器总散热量：19.18 kW；

5）单位面积辐射器质量（<63 m^2）：6.00 kg/m^2；

6）单位面积辐射器质量（>63 m^2）：9.00 kg/m^2；

7）昼间所需的辐射表面积：62.82 m^2。

表 4－5　太阳能蒸气压缩热泵带来的质量变化

	月球前哨登陆器热控系统基础	月球前哨登陆器太阳能热泵热控系统	相比基础的变化（1 个登陆器）	相比基础的变化（2 个登陆器）
辐射器和支撑件质量/kg	855.7	376.9	－478.8	－957.6
热泵质量/kg	—	149.7	＋149.7	＋299.4
辐射器和热泵质量①/kg	855.7	526.6	－329.1	－658.2
热泵功率/kW	—	3.07	＋3.07	—
增加的泵功率/kW	—	0.11	＋0.11	—
能耗转换质量/kg	—	199.5	＋199.5	＋399.0
总质量/kg	855.7	726.1	－129.6	－259.2

Woodcock（1993）[43]研究得出，太阳能蒸气压缩热泵能够为月球前哨登陆器减少质量，但增加的太阳能电池阵将抵消部分由于辐射器面积减小所带来的减重。展收驱动电机被保留下来，当其他航天器在月球前哨登陆器附近起飞或着陆时，驱动电机可通过驱动展收辐射器上很薄的遮盖层对辐射器进行保护，防止受到污染。

具体评估（2 次任务）：

- 设备减重：658 kg；
- 能耗节约：－6.36 kW；
- 能耗转换质量：－399 kg；
- 总减重：259 kg；
- 综合定性得分②：＋1。

---

① 热泵相关尺寸见 3.1.5.4 节的脚注。

② 体积此处采用任务的平均值，这个评估值是与基础太阳能蒸气压缩热泵对比获得的。

4.1.4.5　轻质辐射器

本节将对月球前哨登陆器外部热控系统使用轻质辐射器所节约的质量进行分析。与国际空间站和航天飞机不同，月球前哨登陆器的外部热控系统没有准确界定，其部件分类与组成大致如表 4－6 所示。

表 4－6　外部热控系统各部件质量

外部热控系统组成	在月球前哨登陆器中质量/kg	占外部热控系统百分比/%
结构和展收机构		24.0
基础辐射器支撑结构	50.4	
附加辐射器支撑结构和展收机构	201.7	
辐射器面板	603.6	57.5
其他项目		18.5
展收电机	10.0	
泵功转换质量	184.8	
总计	1 050.5	100.0

本研究中月球前哨登陆器外部热控系统组件的质量在原基础上线性变化。当辐射器面板质量减少 40%，结构和展收机构质量将减少 20%。表中外部热控系统中使用的工质并没有列出，因为外部热控系统改用了轻质复合材料①，但工质质量保持不变。

对辐射器的蜂窝结构和面板而言，如果采用复合材料或其他先进技术材料将带来质量减少。辐射器面板是月球前哨登陆器外部热控系统中质量最大的单元，辐射器减重会影响其他设计。由于结构和展收机构的尺寸受辐射器阵列尺寸的影响，其减重量不明显。但是，结构和展收机构某些部件也可以通过更轻质的复合材料代替。总之，当辐射器面板质量减少 40%时，该技术可以使整个外部热控系统质量减少 27.8%，如图 4－7 所示。

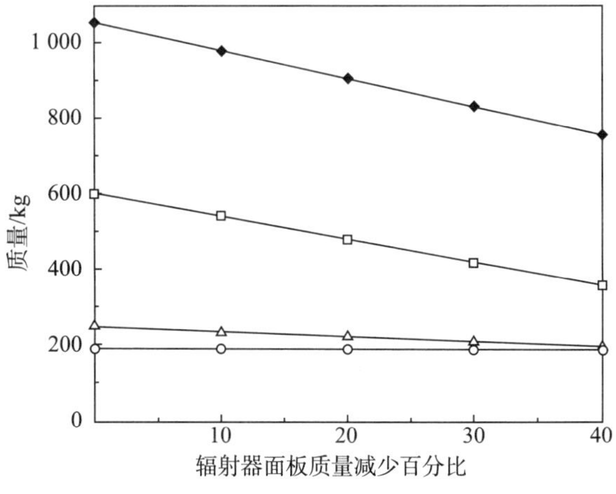

图 4－7　月球登陆器的辐射器质量变化关系

—△— 结构和机构；—○— 其他项目；—□— 辐射器面板；—◆— 外部热控系统总质量

① 轻质辐射器的背景介绍和具体实例见 2.4 节。

本研究假定辐射器质量减少10%，则结构和展收机构质量减少5%。表4-7为辐射器各部件质量随面板质量减少百分比的变化情况。

表4-7 辐射器各部件质量随面板质量减少百分比的变化情况

	辐射器面板质量减少百分比	
	20%	40%
结构和展收机构质量/kg	226.9	201.7
辐射器面板质量/kg	482.9	362.2
其他项目质量/kg	194.8	194.8
航天器外部热控系统质量/kg	904.6	758.7
航天器总质量减少量/kg	145.9	291.9
相比基础外部热控系统质量减少的百分比/%	13.9	27.8
单位面积辐射器质量/(kg/m^2)①	6.11	4.86

考虑2.4小节提到的轻质辐射器，以总质量减少27.8%作为参考值，则一个月球前哨登陆器的质量可以减轻291.9 kg，背景任务中的两个登陆器可减轻583.8 kg。功率消耗与管路内工质流动和工质特性有关，由于工质没有改变，因此，泵功耗保持不变。

月球前哨登陆器主要用于执行行星任务，因此，任何轻质辐射器都可使用。在2.4小节所有提到的辐射器都可以垂直放置。然而，在月昼中午时刻，这些垂直安装的辐射器还要与辐射器遮板或热泵结合在一起使用。此外，这些复合材料辐射器也可以水平放置。

具体评估（2次任务）：

• 设备减重：584 kg；

• 能耗转换质量：无；

• 总减重：584 kg。

4.1.4.6 抛物面辐射器遮板

抛物面辐射器遮板可以降低辐射器周围的有效热沉温度，从而使系统的温度和生命保障系统的温度得到控制②。

图4-8展示了月球前哨登陆器在特定位置使用抛物面辐射器遮板的两种可能的安装方式。第一种将遮板置于带有垂直辐射器改进后的生活舱顶部。这种方式较难实现，主要有两个原因：计算显示月球前哨登陆器的顶部没有足够的空间来放置辐射器遮板；另外，月球前哨登陆器是固定的，辐射器的主轴方向需要根据太阳入射角的变化进行调整，然而在登陆器舱体顶部安装后这样的调整装置是不允许的。

第二种方式是航天员登陆后在月球表面搭设辐射器和遮板。这样可以根据当地太阳入射角来精确定位遮板。另外，分析结果显示该方法比第一种方式安装所需的质量更小③。

---

① 这些值是基于每个月球前哨登陆器基础辐射器面积为116.08 m^2得来的。此外，这些值只包括辐射器质量而不包括外部热控系统的其他部件。

② 更多抛物面辐射器遮板细节见2.5.2节。

③ 这里质量预估是在假定遮板阴影能够覆盖辐射器表面的条件下进行的。登陆器上安装可能需要更重的定位装置。

但这也意味着当航天员登陆月球表面时，月球生存环境并没有准备好。假定该问题可以解决，安装带有抛物面遮板的垂直辐射器是最合理的方法①。辐射器和遮板可以如图 4-8 所示进行组合安装，或者作为独立单元。不论怎样，都需要调整辐射器位置，以减少受到的辐照。

如图 4-8 所示，第一种安装遮板位于月球登陆器的上方。这种安装方式需要依赖登陆器自身相对太阳光定位于合适的位置。第二种遮板位于月球表面。这种方式需要将辐射器运输到月球后，由航天员展开，该安装可以不考虑登陆器本身定位，因为航天员可以根据太阳入射角来调整好抛物面遮板及辐射器的位置。

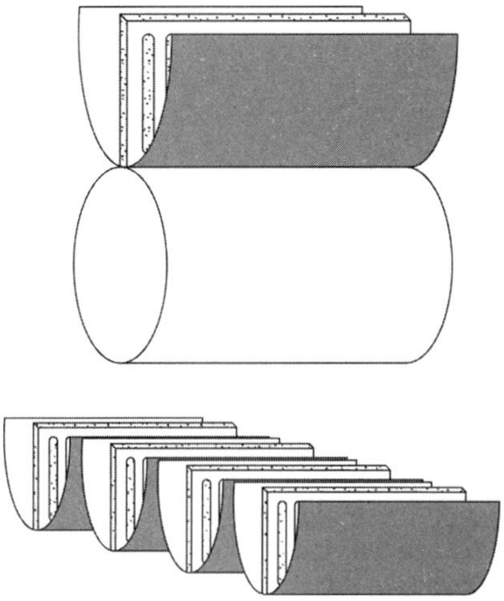

图 4-8　抛物面辐射器遮板的两种配置

月球表面抛物面辐射器遮板（Ewert and Clark，1991）[22]的基本参数见表 4-8。

表 4-8　月球表面抛物面辐射器遮板基本参数

散热量	16.0 kW
辐射器表面温度	285.0 K
月球表面发射率	0.93
月球表面吸收率	0.93
月球表面反照率	0.07
太阳辐射	1.371 kW/m^2
入射角	90°
轨道倾斜角	1.53°
辐射器(镀银特氟龙)	

① 如果允许远程准备，辐射器可以在航天员到达时进行安装。假设航天员在月球日出时到达，没有遮板的辐射器应该能够满足登陆器的散热需求，直到航天员在随后的舱外活动中搭设遮板。然后登陆器上安装好的带有抛物面遮板的辐射器就可以在月球表面使用。

续表

肋片效率	0.85
红外吸收率	0.80
太阳吸收率	0.1
遮板	
上表面	
发射率	0.03
吸收率	0.04
下表面	
发射率	0.81
吸收率	0.371
热沉温度①	155 K
辐射器	
面积	68.9 m^2
单位面积质量(Keller,1994)[23]	4.5 kg/m^2
质量	310.2 kg
尺寸	
高度	1.0 m
长度	34.47 m
辐射器遮板	
抛物线弧长②	4.59 m
长度	34.47 m
面积	158.2 m^2
单位面积质量③	1.1 kg/m^2
质量	174.0 kg
系统总质量④	484.2 kg

通过比较使用抛物面遮板的辐射器同 4.1.2 小节中提到的基础辐射器可以得到表 4－9 所示参数。

① Keller(1995 a)[34]计算出在月球表面 10 m 高的登陆器上安装的带抛物面遮板辐射器的热沉温度为 153.58 K。位于月球表面时，有效热沉温度会略高。因为月球前哨登陆器上安装的遮板灰尘累计可以忽略，所以遮板前期参数适用于全任务周期。文中说明了低温热沉与永久月球基地使用的遮板后期参数的高温热沉的差异。Keller 使用 TSS 进行模拟计算。

② 假定是一个完全的抛物线。换言之，抛物顶点在辐射器顶部，抛物线的高度是辐射器的高度。

③ 该值包括机动的抛物型遮板和对应的支撑结构质量，是 Keller(1994)[23]使用的两倍。质量增多是因为有大量的安装结构，这些结构使辐射器和遮板安装更迅速。

④ 此值不包括管道、配件和工质的质量。

表 4-9 抛物面辐射器遮板带来的参数变化

	月球前哨基础热控系统	抛物面辐射器遮板外部热控系统	相比基础的变化（1 个登陆器）	相比基础的变化（2 个登陆器）
辐射器面积/m^2	116.1	68.9	−47.2	
辐射器质量/kg	603.6	310.2	−293.4	−586.8
辐射器支撑结构及展收机构质量/kg	201.7	—	−201.7	−403.4
遮板面积/m^2	—	158.2	+158.2	
遮板质量/kg	—	174.0	+174.0	+348.0
总质量/kg	805.3	484.2	−321.1	−642.2

在本节构想方案中，总的质量节约为 642.2 kg。

具体评估（2 次任务）：

- 设备减重：642 kg；
- 能耗转换质量：忽略；
- 总减重：642 kg；
- 综合定性得分①：−2。

4.1.5 小结

月球前哨登陆器的先进技术及其优点在表 4-10 中进行了总结。从 4.1.2 节可以看出，针对两次任务，基础外部热控系统的质量为 2 101 kg。根据表 4-10 可以看出，抛物面辐射器遮板给月球登陆器可带来 31%的热控系统减重量。如果轻质辐射器的远程展收控制方案研发成功，该技术在月球赤道附近的环境中将具有良好的环境适应性。此外采用轻质辐射器带来的减重为 28%，任何轻质辐射器技术都可以应用，尽管有些垂直安装的辐射器可能需要遮板或者热泵来辅助工作。采用毛细泵回路同样可节省近 20%的重量。低能耗两相热控系统和太阳能蒸气压缩热泵均可减轻超过 10%的质量。

假设在整个研究过程中质量不确定为 10%，那么使用先进热控技术至少需要减少 210 kg，才能确保热控系统质量得到减少。另外，由于设计及研发成本并不是一个小数，减重 25%即 525 kg 才有意义。如果用这个标准，月球前哨登陆器的先进热控系统技术可以分为 5 类：

1）采用先进热控技术后的热控系统，与基础外部热控系统比较，质量增加大于 10%：无

2）采用先进热控技术后的热控系统，与基础外部热控系统比较，质量增加小于 10%：无

3）采用先进热控技术后的热控系统，与基础外部热控系统比较，质量减少小于 10%：无

---

① 这个任务中安装被评为“困难”，是因为假设需要航天员出舱将抛物面辐射器遮板安装在月球表面。

4）采用先进热控技术后的热控系统，与基础外部热控系统比较，质量减少在10%～25%之间：低能耗两相热控系统，毛细泵回路，以及太阳能蒸气压缩热泵。

5）采用先进热控技术后的热控系统，与基础外部热控系统比较，质量减少大于25%：轻质辐射器和抛物面辐射器遮板。

表4-10 适用于月球登陆器的先进主动热控技术总结

先进主动热控技术	总减重量/kg	减重百分比/%	定性评估得分
低能耗两相热控技术	286	14	−1
电液泵驱动两相热控技术	未知		+2
毛细泵回路	370	18	0
太阳能蒸气压缩热泵	259	12	+1
轻质辐射器	584	28	—
抛物面辐射器遮板	642	31	−2

第四类技术对于本任务有应用潜力，但优势并不突出。第五类技术显示了很好的应用前景。然而，如上所述，抛物面辐射器遮板需要在月球表面正确安装来确保有效运行，这又需要增加舱外活动来实现。

4.2 永久月球基地

4.2.1 背景任务

为了进一步地探索和利用月球，需要建造永久月球基地。因此人类计划在21世纪建立永久月球基地（PLB）。图4-9是永久月球基地的一种设想，基地由现有的3个空间站舱段改造，并埋入月球表面2 m以下，借用月表隔绝太阳辐射，防止基地内部温度过高。建好后可作为3～4名航天员的生活和工作区域长时间使用。

永久月球基地主要包括航天员生活舱、实验舱及植物培养舱。其中植物舱用于产生氧气、吸收二氧化碳，为航天员提供基本的生命保障。同时，植物培养舱生长的植物还可为航天员提供部分食物。基地的能源由安装在月球表面、靠近生活舱的太阳能电池阵提供。进出基地需通过安装于月表上下的气闸舱和节点舱。永久月球基地基础热控系统架构采用低太阳吸收率的水平辐射器进行热排散。这些辐射器布置在生活区上的月球表面，其上表面为工作面，下表面与月面绝热。基础热控系统由峰值散热功率25 kW的辐射器模块组成，系统额定散热功率为50 kW，其中，外部热控系统的工质为液氨。

假定太阳能光伏阵的发电量将用可再生燃料电池进行存储，则系统连续运行的能质代偿系数为750 kg/kW。仅考虑白天运行时间，若能源来自于永久月球基地电源，则能质代偿系数为35.3 kg/kW，若能源来自于专用太阳能电池阵，则能质代偿系数为20.2 kg/kW（Hughes，1995）。该任务的设计寿命为15年。

如图4-9中所示，3个舱段深埋在月表2 m以下。热控系统外回路共有3个，分别设有低太阳吸收率、水平放置的辐射器，辐射器表面为镀银特氟龙涂层。

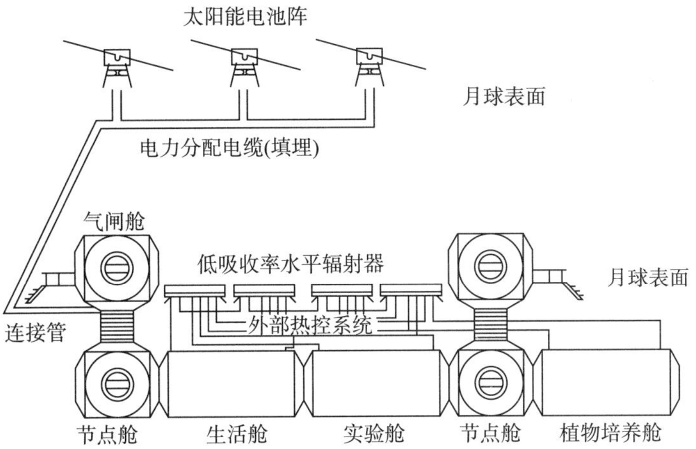

图 4-9　月球基地基础热控系统的侧视图

4.2.2　基础方案

永久月球基地基础外部热控系统采用低太阳吸收率、水平放置的辐射器进行热排散，辐射器内流体工质为液氨。如图 4-10 所示，每组辐射器均与 3 个外部回路中的两个相连，同国际空间站的热控系统类似，都是采用单相工质排散传来的热量。每个外回路中都包含一个低温回路和一个中温回路，系统温度通过旁路阀控制。另外，每个月球舱都有两个使用水为工质的内回路，每个内回路都可以将工质循环至所有冷板和热交换器。基础热控系统热负荷为 50 kW，但每个回路峰值热负荷可超过 25 kW。所以即便某一内回路或外回路出现故障整个系统也能正常工作。水平辐射器单位面积质量为 7.5 kg/m^2，垂直辐射器单位面积质量为 5.625 $kg/m^2$①。该基础系统按照位于月球赤道处月表最严酷的热环境进行设计，在此位置月表温度范围为 102～384 K（Ewert，Petete 和 Dzenitis，1990）[45]。当表面反照率处于平均值 0.07② 时的月表太阳常数为 1.371 kW/m^2，月表漫灰表面的红外发射率为 0.93～0.94③。

（1）整个外部热控系统性能

1）散热量：50.0 kW；

2）外部热控系统工质：单相氨。

① 国际空间站的辐射器是安装在空间站上，具有较大的安装机构，每平米辐射器质量 8.24 kg。国际空间站的辐射器是双面辐射。月球前哨登陆器的辐射器也是安装在登陆器上，但是单面辐射（它朝下的一面是绝热的），在不考虑展开面板部分的情况下，每平米辐射器质量为 6 kg。对于永久月球基地，辐射器利用月球表面的支撑整体安装，减少舱外活动，需要一些不可或缺的安装机构。然而，整体结构比国际空间站辐射器结构简单、质量小，但比月球前哨登陆器结构辐射器结构复杂、质量大。

② 这个值是月球特性值。根据表面包裹条件，表面反照率在 0.07～0.24 之间变化。

③ Keller（1995 a）[34] 指出，表面太阳吸收率在 0.7～1 之间变化。因此，月球表面是一个近似的漫射表面。

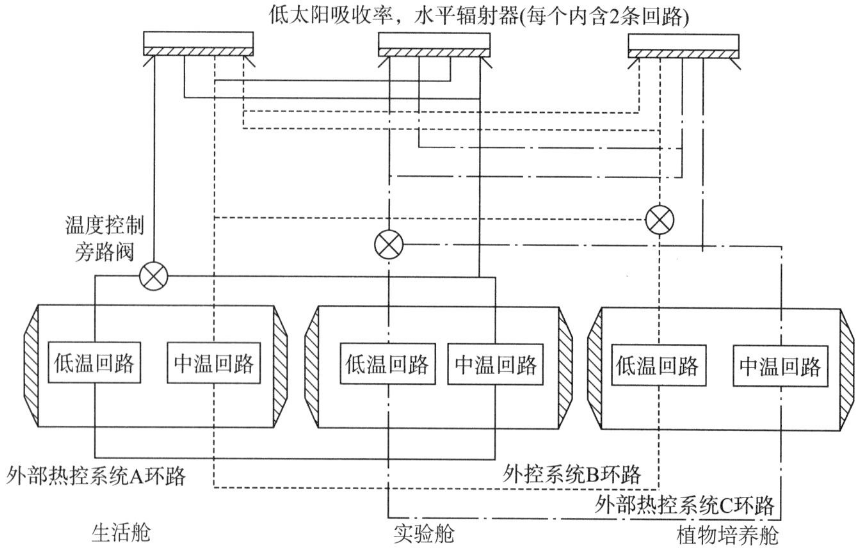

图 4-10 PLB外部热控系统示意图

(2) 低太阳吸收率，水平辐射器①

1) 服役年限（每组平板）：7.5 年；

2) 表面涂层：10mil 镀银特氟龙；

3) 太阳发射率：0.86；

4) 太阳吸收率：0.14；

5) 肋片效率：0.85；

6) 辐射器平均表面温度：275.0 K；

7) 辐射器表面积（白天载荷）：650.81 m^2；

8) 辐射器表面积（晚上载荷）：217.26 m^2；

9) 单位面积辐射器干重②：7.5 kg/m^2；

10) 辐射器面板质量：4 881.08 kg；

11) 辐射器面板数：2；

12) 总辐射器质量：9 765.16 kg；

13) 单位面积辐射器工质质量：0.358 kg/m^2；

14) 辐射器工质质量③：232.99 kg。

图 4-10 为月球基地外部热控系统示意图，系统共有 3 个以氨为工质的外回路。外回路用旁路阀控制工质温度。每个外回路通过中间换热器与两个以水为工质的内回路相连，以排散舱内热负荷。每个回路均含有一台驱动泵。外部热控系统回路工质质量流量相关参

① 辐射器的尺寸是基于 4.2.3 节参数研究给出的。

② 该单位质量包括结构和安装机构质量以及实际辐射器面板质量。

③ 外部热控系统工质在项目周期内假定不需要替换，除非原始工质流失（如通过辐射器小孔泄露）。这个质量是根据国际空间站在轨可替换单元辐射器中的质量与辐射器面积拟合的方程估算得出。

数如下。

1）平均外部热控系统流体温度：278 K；

2）辐射器出口温度：274.82 K；

3）辐射器进口温度：281.18 K；

4）氨平均比热：4.62（kW·s）/（kg·K）；

5）总质量流量：1.702 kg/s；

6）每个回路平均质量流量：0.567 2 kg/s；

7）每个回路最大质量流量①：0.680 7 kg/s。

（3）外部热控系统泵组件

考虑两种工况计算泵功率。总结如表 4-11。

表 4-11　不同工况条件下泵组件参数

工况	热负荷/kW	质量流量/(kg/s)	泵效率
正常载荷			
回路 A	16.67	0.5672	0.40
回路 B	16.67	0.5672	0.40
回路 C	16.67	0.5672	0.40
最大载荷			
回路 A	12.50	0.4254	0.35
回路 B	20.00	0.6807	0.45
回路 C	17.50	0.5956	0.40

1）氨平均密度：631.96 kg/m^3；

2）单位面积辐射器压降②：0.371 8 kPa/m^2；

3）辐射器压降：242.0 kPa；

4）白天辐射器泵功率③：1.629 kW；

5）晚上辐射器泵功率④：0.544 kW；

6）有效回路长度⑤：

- 回路 A：25.65 m；
- 回路 B：71.10 m；
- 回路 C：57.90 m；

① 各舱内负荷估计：居住舱为 10 kW，实验舱为 25 kW，植物培养舱为 15 kW。每一个舱都达到最大负荷，并且植物培养舱储备 15 kW。每一个回路的最大负荷为 20 kW，假设每个回路带走舱内的一半热负荷。

② 这个数据是基于国际空间站数据，规定辐射面积 129.8 m^2 中最大压降为 48.26 kPa。

③ 额定负荷下辐射器需要的最大泵功率。

④ 晚上辐射器泵功率等于白天辐射器泵功率乘以晚上辐射面积与白天辐射面积的比值。

⑤ 该数值是根据图 4-9、图 4-10 中的管路长度加上额外的 50%配件和阀门。

7）回路直径①：0.023 6 m；

8）最大回路泵功率②：0.628 kW；

9）总泵功率③：2.26 kW；

10）连续运行系统的能质代偿系数：750kg/kW；

11）白天运行系统的能质代偿系数：35.3 kg/kW；

12）泵功转换质量：917.3 kg；

13）回路氨质量：32.76 kg。

（4）永久月球前哨登陆器基础热控系统总结：

1）散热量：50.0 kW；

2）总辐射器干重（15 年）：9 765.2 kg；

3）工质质量：265.8 kg；

4）泵功率：2.26 kW；

5）泵功转换质量④：917.3 kg；

6）外部散热系统质量⑤：10 948.3 kg。

若全寿命周期使用一组辐射器，单位辐射面积质量为 7.86 kg/m^2；若使用两组辐射器，该值将增加到 15.36 kg/m^2。

4.2.3 参数研究

永久月球基地仍在概念设计阶段，所以其基础外部热控系统质量只能参照上述提到的值进行估算。实际上基础硬件还包括与国际空间站辐射器类似的低太阳吸收率、水平放置辐射器。辐射器表面可以采用不同的涂层，如镀银特氟龙和 Z-93。辐射器的工作年限可设计为 15 年，也可以设计为更短使用年限，并在设计的维修期替换。如果工作年限短于 15 年，涂层材料性质不会因时间推移而随环境影响发生较大改变，从而整个辐射器尺寸可以更小。表 4-12 为使用不同涂层和不同设计年限的月球基地辐射器的总质量。本研究中，表面涂层的质量相比于其他的辐射器组件可以忽略。考虑辐射器展开后在月球表面水平放置，热负荷为 50 kW 时，3 种不同的辐射器涂层及 2 种不同的辐射器温度对辐射器的影响见图 4-11 和图 4-12。

① 这是国际空间站管路的内径，即 0.93in。

② 最大负荷会使得外部热控系统管路需要最大泵功率。

③ 这个值包括泵驱动氨通过外部热控系统的 0.63 kW 和泵驱动氨通过辐射器的 1.63 kW。

④ 假定：当辐射器结冻或夜间散热量少关闭辐射器时，外部热控系统流量是不变的。这意味着，泵功率在晚上比白天少。因此，连续的能质代偿系数仅适用于连续运行下的工况。在白天，需要使用到全部辐射器面积，此时需计算泵运行增加功率对应的质量。

⑤ 这个值不包括泵、管路、配件的质量，忽略这些部分对于永久月球基地的主动热控系统总质量预计影响不大。

表 4-12　使用不同涂层和不同设计年限的月球基地辐射器的总质量（kg）

辐射器的设计年限/年	辐射器表面平均温度（水平放置）					
	275K			280K		
	5.5mil 镀银特氟龙	10mil 镀银特氟龙	Z-93	5.5mil 镀银特氟龙	10mil 镀银特氟龙	Z-93
15	—	12 258.9	—	52 765.9	7 846.8	—
7.5	16 025.6	9 762.1	—	12 080.7	7 935.0	52 662.3
5	16 189.6	11 706.6	89 466.0	13 231.5	9 869.6	36 157.2
2.5	23 815.1	19 181.4	73 383.3	20 403.5	16 617.0	45 731.3
1.0	50 870.4	42 955.8	133 625.2	44 454.6	37 704.3	92 768.4

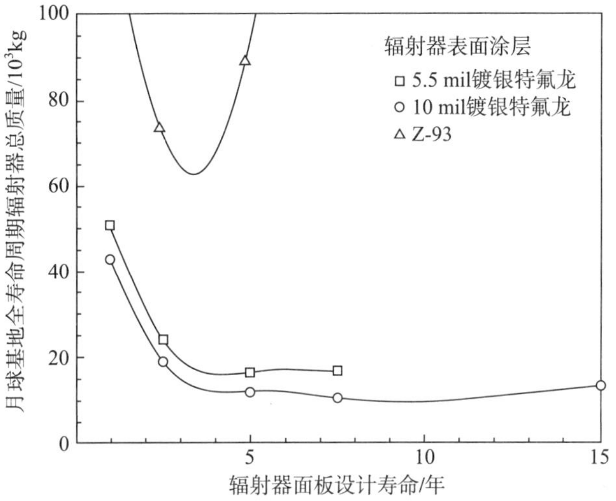

图 4-11　不同涂层，永久月球基地辐射器总质量随设计年限变化曲线

图 4-11 中，假定热负荷为 50 kW，单位散热面积质量为 7.5 kg/m^2，翅片效率为 0.85，辐射器表面温度为 275 K。

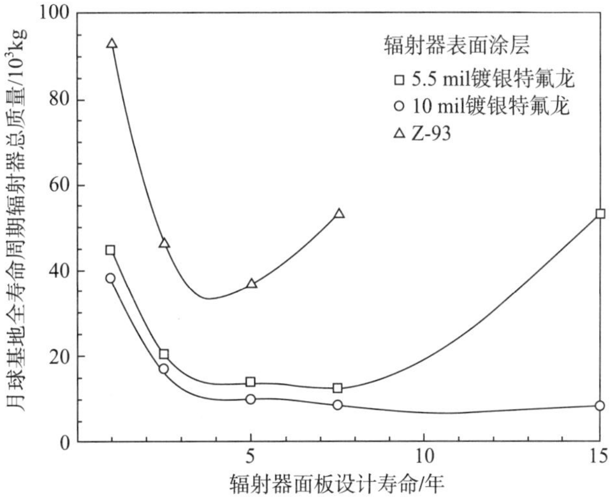

图 4-12　不同涂层，永久月球基地辐射器总质量随设计年限变化曲线

图 4-12 中，假定热负荷为 50 kW，单位散热面积质量为 7.5 kg/m^2，翅片效率为 0.85，辐射器表面温度为 280 K。

表 4-13 为表面涂层随时间的变化函数。根据 Peck (1990)[44] 的研究可建立表面参数变化的二次多项式。

表 4-13 表面涂层随时间的变化函数 (Peck，1990)[44]

时间(年)	5.5 mil 镀银特氟龙		10 mil 镀银特氟龙		Z-93	
	ε	α	ε	α	ε	α
0	0.78	0.08	0.89	0.09	0.90	0.17
10	0.73	0.15	0.85	0.15	0.90	0.23
30	0.65	0.20	0.81	0.20	0.90	0.30

在所有例子中，10 mil 镀银特氟龙比其他两种涂层的质量更轻。因此，在不考虑巨大成本和质量不确定的情况下，推荐它作为永久月球基地热控系统的涂层材料。

基础设计中，辐射器温度为 275 K，辐射器设计寿命为 7.5 年，因此在永久月球基地寿命期间内需要更换一次辐射器。此外，辐射器表面温度对辐射器的设计有明显影响，表面温度增加 5 K 达到 280 K，能更有效散热。因此，使用设计寿命 15 年的辐射器，同时提高辐射器温度，更能有效减少质量。

4.2.4 用于永久月球基地的先进主动热控系统架构

月球基地的设计寿命为 15 年。在前文提到的基础方案中，辐射器 7.5 年后需要进行更换。对先进热控系统而言，除非有特殊说明，其寿命都至少达到整个项目 15 年寿命长度。本节对每种可行的先进热控系统与基础热控系统进行对比分析并计算总减重量。其中，对各个先进技术的定性评估在第二章中已经完成基础。

4.2.4.1 具有机械泵/分离器的两相热控技术

本研究中参考 Ungar (1995)[1] 对空间站进行的评估，对月球基地应用两相热控技术进行了分析。Ungar (1995)[1] 分析了与月球基地相似的中型空间站，这个空间站的单相流体热控系统与月球基地的基础热控方案相近。此外，Ungar (1995)[1] 也对具有机械泵/分离器的两相热控系统①进行了分析。

表 4-14 中 LTL 表示低温回路，MTL 表示中温回路。月球基地基础外部热控系统采用了 3 个单相低温回路。对比表中数据发现，在月球基地基础热控系统回路控温点和中型空间站单相热控系统低温回路控温点接近的情况下，月球基地外部热控系统单个回路的泵功率比中级空间站单相外部热控系统的泵功率多 22%。在维持月球基地辐射面积不变的条件下，月球基地改用具有机械泵/分离器的两相热控系统将使用两个低温回路和一个中温回路。此时，月球基地中低温回路的泵功约为 0.366 kW，中温回路②的泵功约为

① Ungar (1995)[1] 将此装置归类于旋转流体管理型两相热控系统。关于机械泵/分离器的更多细节见 2.1.1 节

② 这些值为 Ungar 对中型空间站中具有机械泵/分离器的两相热控系统各回路泵功评估值的 122%。

0.404 kW，这比基础单相回路的泵功大为减少。表4-15为不同两相热控系统对比。

表4-14　不同热控系统参数对比

	月球基地基础热控系统（单个回路）	月球基地基础热控系统（全系统）	中型空间站（Ungar，1995）[1]			
			单相热控系统		具有机械泵/分离器的两相热控系统	
			LTL	LTL	LTL	MTL
泵功率/kW	0.753	2.260	0.615	0.615	0.299	0.330
辐射面积/m^2	216.9	650.8	395	395	390	390
回路控温点/K	274.8	274.8	275.2	275.2	275.2	287.2

表4-15　具有机械泵/分离器的两相热控系统与月球基地热控系统对比分析

	月球基地基础热控系统	具有机械泵/分离器的两相热控系统	相比基础的变化
泵功率/kW	2.260	1.136	—
泵功耗转换质量/kg①	917.3	461.1	456.2

此外，具有机械泵/分离器的两相热控系统采用的流体管路比单相热控系统的流体管路小，也能带来一定的质量减少，但此处没有将其考虑在内。

与此技术相关的另一重要问题就是，月球基地在设计寿命15年到期后将报废，还是会作为另一个更大装置的一部分被重新使用。Ungar（1995）[1]认为两相热控技术对于具有长运输管路的大型外部热控系统更具优势。如果月球基地在设计寿命达到后停止使用，那么由于泵功耗减少带来的质量减少将没有后面介绍的先进技术明显。然而，如果月球基地继续应用于更大项目，两相热控技术将在泵功率、流体管路质量以及辐射器质量等方面具有减重优势。

具体评估：

- 设备减重：忽略；
- 能耗节约：1.124 kW；
- 能耗转换质量：456 kg；
- 总减重：456 kg；
- 综合定性得分：0。

4.2.4.2　低能耗两相热控技术

本研究中参考Ungar（1995）[1]对与月球基地接近的中型空间站的评估，对月球基地应用低能耗两相热控技术进行了分析。表4-16将月球基地基础热控系统与Ungar中型空间站单相流体热控系统和低能耗两相热控系统②进行了比较。

---

① 详见4.2.2节。

② 低功耗两相热控系统详情见2.1.2节。

表 4-16 不同热控系统参数对比

	月球基地基础热控系统(单个回路)	月球基地基础热控系统(全系统)	中型空间站(Ungar，1995)[1]			
			单相热控系统		低能耗两相热控系统	
			LTL	LTL	LTL	MTL
泵功率/kW	0.753	2.260	0.615	0.615	0.094	0.147
辐射面积/m^2	216.9	650.8	395	395	390	390
回路控温点/K	274.8	274.8	275.2	275.2	275.2	287.2

在表中 LTL 表示低温回路，MTL 表示中温回路。月球基地基础外部热控系统采用了 3 个单相低温回路。对比表中数据发现，在月球基地基础热控系统回路控温点和中型空间站单相热控系统低温回路控温点接近的情况下，月球基地外部热控系统单个回路的泵功率比中级空间站单相外部热控系统的泵功率多 22%。在维持月球基地辐射面积不变的条件下，月球基地改用低能耗两相热控系统将使用两个低温回路和一个中温回路。此时，月球基地中每个低温回路的泵功约为 0.115 kW，中温回路①约为 0.180 kW。因此，与基础热控系统相比，采用低能耗两相热控系统将有效减少泵功率。

另外低能耗两相热控系统管路比单相热控系统的更小，也能带来一定的质量减少，但表 4-17 中没有将其包括在内。

表 4-17 低能耗两相热控系统与月球基地热控系统对比分析

	月球基地基础热控系统	月球基地低能耗两相热控系统	相比基础的变化
泵功率/kW	2.260	0.410	—
泵功转换质量/kg②	917.3	166.4	750.9

如前节所述，与此技术相关的另一重要问题就是月球基地在设计寿命 15 年到期后将报废还是会作为另一个更大装置的一部份被重新使用。Ungar (1995)[1] 认为两相热控技术对于具有更长运输管路的大型外部热控系统更具优势。如果月球基地在设计寿命达到后终止，那么泵功率减少带来的质量损失将没有后面介绍的先进技术明显。然而，如果月球基地继续应用在更大项目内，两相热控系统将在减少泵功率、管路质量以及辐射器质量等方面具有减重优势。

具体评估：

- 设备减重：忽略；
- 能耗节约：1.850 kW；
- 能耗转换质量：751 kg；
- 总减重：751 kg；
- 综合定性得分：－1。

① 这些值为 Ungar 对中型空间站中低功耗两相热控系统各回路泵功率评估值的 122%。

② 详见 4.2.2 节。

4.2.4.3　电液泵驱动两相热控技术

基于 2.1.3 节的讨论，月球基地可以使用电液泵驱动两相热控技术。与低能耗两相热控技术相比，采用电液泵驱动两相热控技术将节约更多的质量。与基础热控系统相比较其减重的效果更加明显。但由于没有该技术的更多数据，无法对其质量减少的数据进行准确的评估。

具体评估：

- 设备减重：未知；
- 能耗节约：未知；
- 能耗转换质量：未知；
- 总减重：未知；
- 综合定性得分：＋2。

4.2.4.4　毛细泵回路

如 4.2.2 节所述，通过对月球基地外部热控系统泵功率进行估计，采用毛细泵回路①可以减少能耗 2.26 kW。假定毛细泵回路设备质量和基础单相热控系统的设备质量相当，在此情况下，将减少的泵功②等效转换为质量，可减重约 917.3 kg。

具体评估：

- 设备减重：没有；
- 能耗节约：2.26 kW；
- 能耗转换质量：917 kg；
- 总减重：917 kg；
- 综合定性得分：0。

4.2.4.5　蒸气压缩热泵

蒸气压缩热泵③可以提高辐射器散热温度，从而减少辐射器面积。通常，外部热控系统质量会随着使用环境温度的增加而增加，如果外部热控系统采用热泵将比只使用辐射器的外部热控系统质量更小。虽然月球基地没有热泵也可以运行，但是和基础系统相比，带有热泵的外部热控系统可以节省更多质量。同时因为要求月球基地外部热控系统具有双故障容错能力，所以本研究假定每个热泵为每条外部热控系统回路排散热量为16.76 kW。另外，为了在其中一个回路失效的情况下，外部热控系统的总散热能力能达到 50 kW，实际单个热泵至少需要具有 25 kW 的散热能力。下面将对单个外部热控系统回路进行分析。如果热泵系统仅在白天日照条件下工作，日间工作下的能质代偿系数约 35.3 kg/kW (Hughes，1995)[46]。昼夜连续工作下的能质代偿系数为 750 kg/kW。

辐射器可以有多种安装形式，最典型的安装形式是基础热控系统中的水平辐射器，以

---

① 毛细泵回路详见 2.1.4 节。

② 详见 4.2.2。

③ 蒸气压缩热泵详见 2.2.1 节。

及垂直安装的辐射器。由于月球基地位于赤道位置，其垂直辐射器长度方向平行于月球赤道，辐射面朝着南北方向。另外，如4.2.3节所述，带热泵的辐射器辐射温度高于280 K，该情况下设计寿命为15年的单个辐射器比设计寿命为7.5年的两组辐射器更轻。工作15年后，辐射器表面特性变化参照10mil的镀银特氟龙涂层的变化情况。

（1）水平辐射器

从图4-13可以看出，当热泵温升为52.3 K，每个外部热控系统回路中辐射器管路的质量流量增至1.27 kg/s时，月球基地使用水平辐射器外部热控系统质量最轻。事实上，如图4-14所示，热泵的设计受到夜间热泵不工作情况的影响，辐射器平均温度为275.0 K时，仍需排散全部热负荷的最小辐射面积的约束。具体数据如下（三个外部回路中任一回路）。

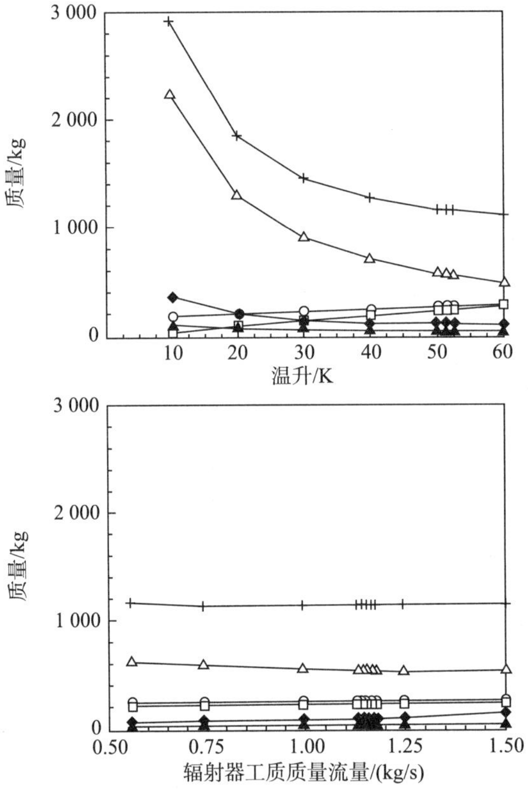

图4-13 月球基地外部热控系统单回路质量变化同蒸气压缩热泵温升和辐射器工质质量流量的函数关系

—□—热泵功耗转换质量；—▲—工质；—○—热泵；—◆—泵功耗转换质量；—△—辐射器；—+—总值

1）冷端温度 T_c（蒸发温度）：274.0 K；

2）温升 $T_h - T_c$：52.3 K；

3）热端温度 T_h（冷凝温度）：326.3 K；

4）辐射器入口温度 T_{in}：322.3 K；

5）月球表面辐射热流：1.371 kW/m^2；

6）环境温度 T_{space}：3.0 K；

7）有效热沉温度 T_{sink}①：265.3 K；

8）单个回路散热量 Q_c：16.67 kW；

9）工作性能系数 COP_{Carnot}：5.24；

10）热泵效率 η②（Ewert，1991）[32]：0.50；

11）需要输入功率 W_{real}：6.36 kW。

利用已建立的参数研究模型对低太阳吸收率的水平辐射器进行分析。

1）太阳发射率：0.83；

2）太阳吸收率：0.17；

3）肋片效率：0.85；

4）辐射器氨质量流量（每个外回路）：1.17 kg/s；

5）氨平均温度：316.3 K；

6）辐射器表面平均温度：314.8 K；

7）单位面积散热量：0.318 kW/m^2；

8）每个回路总散热量 $Q_{H,real}$：23.03 kW；

9）单位面积辐射器质量：7.5 kg/m^2；

10）任务寿命期内需要辐射器数量：1；

11）单位面积辐射器工质质量：0.36 kg/m^2；

12）白天所需的辐射面积：72.44 m^2；

13）夜晚所需的辐射面积：72.42 m^2。

此处，辐射器设计受限于夜间排散标称热负荷所需的辐射面积（图4-14）。所有能耗根据能质代偿系数均可转换为质量。

图4-14中采用的是水平辐射器。以4.2.2节提到的任务为基础进行分析，外部热控系统质量可针对图4-14的两个参数进行优化。表4-18为使用水平辐射器时，采用蒸气压缩热泵后热控系统参数变化。

装置能耗产生时间：

1）热泵能耗：仅日间有；

2）蒸发器泵能耗：仅日间有；

3）冷凝器泵能耗：仅日间有；

4）辐射器泵能耗：连续。

---

① 这里提供了有效环境热沉温度进行比较。但计算时仍使用太阳辐射和空间温度，而不是有效热沉温度。

② 与卡诺循环性能系数（COP）的百分比。

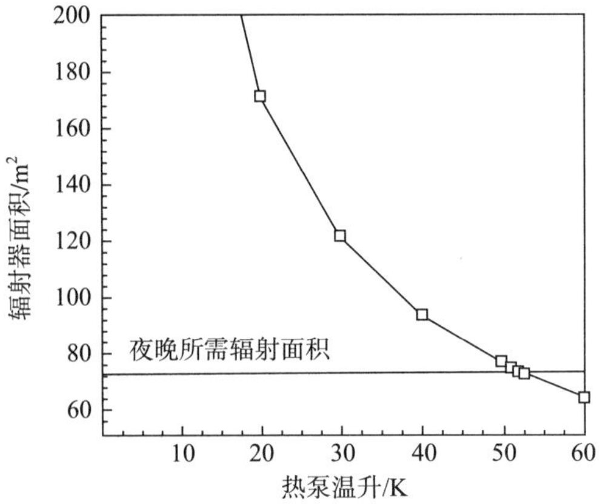

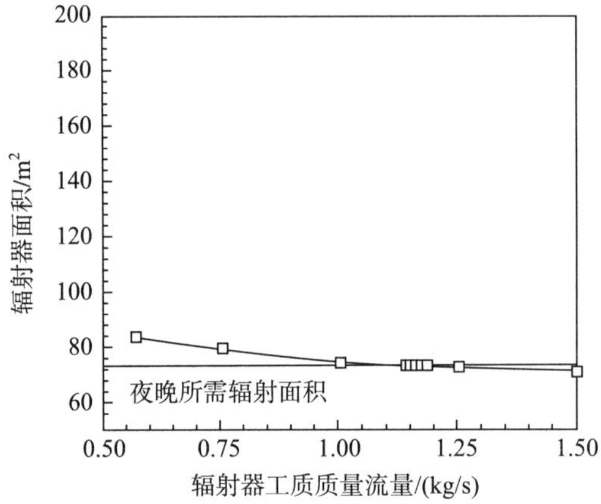

图 4－14　利用水平辐射器时月球基地外部热控系统单个回路辐射面积变化同蒸气压缩热泵温升和辐射器工质质量流量的函数关系

表 4－18　使用水平辐射器时，采用蒸气压缩热泵后热控系统参数变化

	带热泵的月球基地外部热控系统回路（单个回路）	带热泵的月球基地外部热控系统（全回路）	月球基地基础热控系统	相比基础的变化
辐射器质量/kg	543.3	1 629.9	9 765.2	－8 135.3
工质质量/kg	25.9	77.7	233.0	－155.3
热泵质量①/kg	255.1	765.3	—	＋765.3
辐射器、工质和热泵质量/kg	824.3	2 472.9	9 998.2	－7 525.3
能耗				
热泵/kW	6.36	19.08	—	
蒸发器泵/kW	0.27	0.81	—	
冷凝器泵/kW	0.06	0.18	—	

① 热泵尺寸见 3.1.5.4 节脚注。

续表

	带热泵的月球基地外部热控系统回路（单个回路）	带热泵的月球基地外部热控系统（全回路）	月球基地基础热控系统	相比基础的变化
辐射器泵/kW	0.12	0.36	1.63	
总能耗/kW	6.81	20.43	1.63	
能耗转换质量/kg	326.2	978.6	471.0	+507.6
总质量/kg	1 150.5	3 451.5	10 469.2	−7 017.7

外部热控系统泵功保持不变。功率包括驱动工质流经冷凝器和蒸发器所需的功耗。驱动工质通过冷凝器所需功耗为热泵驱动工质通过辐射器所需功耗的 50%（即 0.5×0.12 kW）。驱动工质通过蒸发器的功耗为驱动工质通过基础辐射器所需功耗的 50%（即 0.5×1.63 kW）。参照空间站的相关数据，辐射器泵功率与用辐射面积表示的辐射器尺寸大小成比例。

（2）垂直辐射器

图 4－15 研究表明，当使用垂直辐射器，热泵温升为 122.3 K，每一个外部热控系统

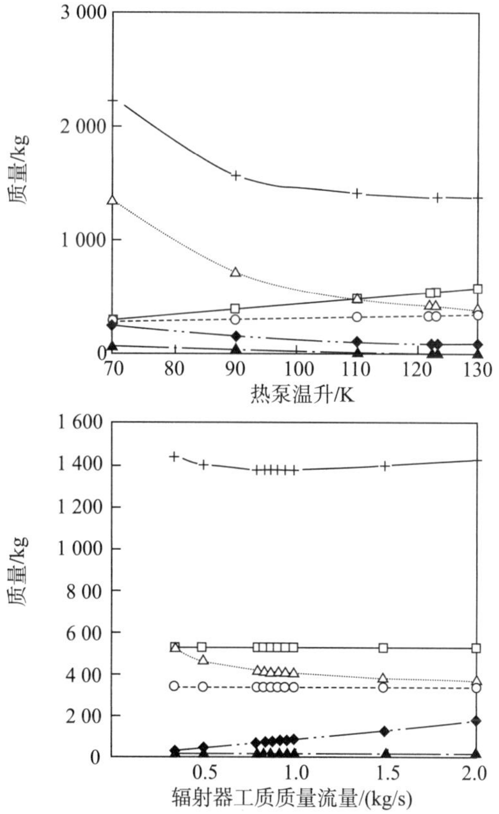

图 4－15　月球基地外部热控系统单个回路质量变化同蒸气压缩热泵温升和辐射器工质质量流量的函数关系

—□— 热泵功耗；---○--- 热泵；······△······ 辐射器；—▲— 工质；—◆— 泵功耗；—+— 总值

回路中辐射器管路的流体质量流量增至 0.88 kg/s 时，月球基地外部热控系统质量最小。如图4－16 所示，热泵的设计受到在夜间热泵无法工作的影响，辐射器平均温度为 275.0 K 时，排散全部热负荷最小辐射面积的约束。具体数据如下（三个外部回路中任一回路）。

1）冷端温度 T_c（蒸发温度）：274.0 K；

2）温升 $T_h - T_c$：121.6 K；

3）热端温度 T_h（冷凝温度）：395.6 K；

4）辐射器入口温度 T_{in}：391.6 K；

5）有效热沉温度 T_{sink}：317.1 K；

6）单个回路散热量 Q_c：16.67 kW；

7）工作性能系数 COP_{Carnot}：2.25；

8）热泵效率 η ①（Ewert，1991）[32]：0.50；

9）需要输入能量 W_{real}：14.80 kW。

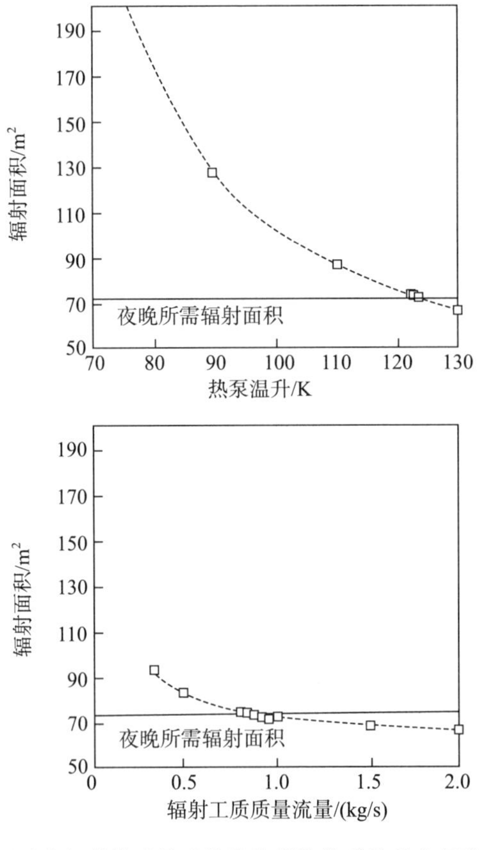

图 4－16　使用垂直辐射器时月球基地外部热控系统单个回路辐射面积变化同蒸气压缩热泵温升和辐射器工质质量流量的函数关系

① 与卡诺循环性能系数（COP）的百分比。

利用建立的参数研究模型，研究不同热沉温度对低太阳吸收率的垂直辐射器性能的影响。

1）太阳发射率：0.83；

2）太阳吸收率：0.17；

3）肋片效率：0.85；

4）辐射器氨质量流量：0.88 kg/s；

5）氨平均温度：381.6 K；

6）辐射器表面平均温度：380.1 K；

7）单位面积散热量：0.430 kW/m²；

8）每个回路总散热量 $Q_{H,\text{real}}$：31.46 kW；

9）单位面积辐射器质量：5.625 kg/m²；

10）任务寿命期内需要辐射器数量：1；

11）单位面积辐射器工质质量：0.27 kg/m²；

12）白天所需的辐射面积：73.11 m²；

13）夜晚所需的辐射面积：73.07 m²。

表 4-19 为使用垂直辐射器时，采用蒸气压缩热泵后热控系统参数变化。

表 4-19　使用垂直辐射器时，采用蒸气压缩热泵后热控系统参数变化

	带热泵的月球基地外部热控系统回路（单个回路）	带热泵的月球基地外部热控系统（全回路）	月球基地基础热控系统	相比基础的变化
辐射器质量/kg	411.2	1 223.6	9 765.2	−8 531.6
工质质量/kg	19.7	59.1	233.0	−173.9
热泵质量①/kg	335.6	1 006.8	—	1 006.8
辐射器、工质和热泵质量/kg	766.5	2 299.5	9 998.2	−7 698.7
能耗				
热泵/kW	14.80	44.40	—	
蒸发器泵/kW	0.27	0.81	—	
冷凝器泵/kW	0.06	0.18	—	
辐射器泵/kW	0.12	0.36	1.63	
总能耗/kW	15.25	45.75	1.63	
能耗转换质量/kg	624.1	1 872.3	471.0	1 401.3
总质量/kg	1 390.6	4 171.8	10 469.2	−6 297.4

① 热泵尺寸见 3.1.5.4 节的脚注。

外部热控系统泵功保持不变。与前文提到类似，功率包括驱动工质流经冷凝器和蒸发器所需的功耗。

采用蒸气压缩热泵的热控系统设计相比基础外部热控系统更轻。尽管垂直辐射器单位面积辐射器的质量比水平辐射器小，但就整个系统而言，采用水平辐射器的系统却比采用垂直辐射器的系统轻。这是因为垂直辐射器会部分面向月球表面，而水平辐射器仅面向太阳和空间。垂直辐射器的系统会受到月球表面的红外辐射影响，垂直辐射器辐射的有效热沉温度比水平辐射器高，这就要求垂直辐射器的热泵提升更高的温度，这也对热泵的能力和功率提出了更大要求。因此，相比较而言，水平辐射器功率较小，辐射热沉温度较低，更适用于月球基地①。

水平辐射器（第一列数据）与垂直辐射器（第二列数据）的具体评估如下。

- 设备减重：7 525 kg/7 708 kg；
- 能耗节约：－18.80 kW/－44.36 kW；
- 能耗转换质量：－508 kg/－1 401 kg；
- 总减重：7 017 kg/6 297 kg；
- 综合定性得分②：＋2/＋2。

4.2.4.6　太阳能蒸气压缩热泵

在国际空间站使用蒸气压缩热泵的热控系统主要的缺点是能耗较大。在 4.2.4.5 节中，使用水平辐射器的系统所需能耗相当于月球基地正常能耗的 41%，而使用垂直辐射器则相当于月球基地正常能耗的 92%。为了减轻质量，可为热泵配备专用的光伏太阳能电池阵，这种热泵称作太阳能蒸气压缩热泵③。对于仅在白天工作的系统，该设备的能质代偿系数为 20.2 kg/kW（Hughes，1995）[46]，全天连续工作的系统，能质代偿系数为 750 kg/kW。

从技术角度分析，太阳能蒸气压缩热泵仅白天的能质代偿系数计算与 4.2.4.5 节中有所不同。其他，如设备质量、容积和控温点，两种热泵技术基本相同。但是，最终能耗转换质量将有所不同。假定使用 4.2.4.5 节提到的水平辐射器系统，加入太阳能蒸气压缩热泵后相关参数见表 4－20。

本方案中外部热控系统管路消耗的泵功率不变，与前一节相同，该能耗包括驱动工质流经冷凝器及蒸发器所需的能量。假定驱动流体通过冷凝器和蒸发器的泵功率由太阳能电池阵提供。

---

① 水平辐射器的有效热沉温度为 265.3 K，在没有热泵的条件下，热量可以在面板表面温度为 275 K 时排散。这是热控系统的基础设计。但是，垂直辐射器的有效热沉温度为 317.1K，在没有热泵的条件下热量无法排散。因此，在月球表面水平辐射器比垂直辐射器可靠性更高。

② 与基础架构相比，应用的体积是“紧凑型”。

③ 从技术上讲，永久月球基地的热泵都是“太阳能热泵”，因为它们只在永久月球基地受日照下工作，它们的功率转换质量不包括电力存储部分。然而，4.2.4.5 节假设电源来自永久月球基地电网而 4.2.4.6 节假定电源来自一个专用的太阳能光伏发电阵列。也可参见 2.2.2 节。

表 4 - 20　采用太阳蒸气压缩热泵后热控系统参数变化

	带热泵的月球基地外部热控系统回路（单个回路）	带热泵的月球基地外部热控系统（全回路）	月球基地基础热控系统	相比基础的变化
辐射器质量/kg	824.3	2 472.9	9 998.2	−7 525.3
能耗				
热泵/kW	6.36	19.08	—	
蒸发器泵/kW	0.27	0.81	—	
冷凝器泵/kW	0.06	0.18		
辐射器泵/kW	0.12	0.36	1.63	
总能耗/kW	6.81	20.43	1.63	
能耗转换质量/kg	225.1	675.3	471.0	204.3
总质量/kg	1 049.4	3 148.2	10 469.2	−7 321.0

具体评估：

- 设备减重：7 525 kg；
- 能耗节约：−18.80 kW；
- 能耗转换质量：−204 kg；
- 总减重：7 321 kg；
- 综合定性得分：+2。

4.2.4.7　络合物热泵

络合物热泵①需要高温热源来驱动其循环运行。本研究中假定使用集热器把太阳辐射集中到一充满工质的圆管上，该方法是在 Ewert (1993)[4]关于络合物热泵的研究基础上进行了改进，此外 Ewert 还研究了水平辐射器和垂直辐射器的蒸气压缩热泵系统。Ewert 的研究工作和本文中已展示的其他热泵研究不同，他提出的整个系统参数如表 4 - 21 所示。

表 4 - 21　采用络合物热泵的系统参数

辐射器表面性质	
发射率(寿命末期)	0.83
太阳吸收率(寿命末期)	0.17
肋片效率	0.85
辐射器热沉温度 T_{sink}	
水平辐射器	265 K
垂直辐射器	317 K
单位辐射面积的辐射器干重	
水平辐射器	7.5 kg/m^2

① 更多背景资料见 2.2.3 节。

续表

垂直辐射器	5.63 kg/m^2
所需热能的热源质量①	2.4 kg/kW
总散热量 Q_c	50 kW
能质代偿系数	35.3 kg/kW

表 4-22 采用络合物热泵和蒸气压缩热泵的热控系统参数对比

	络合物热泵	蒸气压缩热泵	
辐射器方位	垂直	垂直	水平
冷端温度 T_c/K	282	275	275
温升 T_h-T_c/K	78	85	85
热端(辐射器)温度 T_h/K	360	360	360
加热量/冷却热负荷/($kW_{heat\ input}/kW_{cooling}$)	3.34	—	—
热源温度/K	500	—	—
输入功率/冷却热负荷/($kW_{power}/kW_{cooling}$)	—	0.667	0.667
总散热量/冷却热负荷/($kW_{rejected}/kW_{cooling}$)	4.34	1.67	1.67
热泵质量/冷却热负荷/($kg/kW_{cooling}$)	4.7	11.0	11.0
单位面积散热量/(kW/m^2)	0.268	0.268	0.475
白天所需辐射面积/m^2	810	312	176
辐射器质量(不含工质)/kg	4 556	1 750	1 317
能耗转换质量/kg	—	1 177	1 177
热泵质量/kg	235	550	550
太阳集热器质量/kg	401	—	—
热泵系统总质量/kg	5 192	3 477	3 044
对比 4.2.4.5 小节			
系统总质量/kg	6 228	4 171	3 452
与月球基地基础热控方案相比节约质量/kg	4 241	6 297	7 017

基于上述系统质量，参照 4.2.4.5 节的计算过程可得到络合物热泵总质量约（4 171 kg/3 477 kg）×5 192 kg，即 6 228 kg。因此，与月球基地的基础外部热控系统质量 10 469 kg 相比，络合物热泵可节省 4 241 kg 质量。

具体评估：

- 总减重②：4 241 kg；
- 综合定性得分：+1。

---

① 这个值是假设太阳能通过封闭的通道直接进入工质的太阳能集热器计算得出。这个值是“乐观”估计的，它不包括管道、泵，泵功耗或工质所需的转移到热驱动热泵所需的能量。

② 由于缺乏详细的评估，只给出总减重。

4.2.4.8　沸石热泵

沸石热泵也采用了热驱动循环，并且需要高温热源①。Ewert (1993)[4]也研究过该系统，不同的是 Ewert (1993)[4]之前的工作中采用了核电装置的余热作为高温热源来驱动沸石热泵，本文用太阳能集热器来取代。由于 Ewert (1993)[4]的研究工作和本文中提到的其他热泵研究有所不同，因此表 4-23 与表 4-24 给出了其系统参数描述。

表 4-23　采用沸石热泵的热控系统参数

辐射器表面性质	
发射率(寿命末期)	0.83
太阳吸收率(寿命末期)	0.17
肋片效率	0.85
辐射器热沉温度，T_{sink}	
水平辐射器	265 K
垂直辐射器	317 K
单位辐射面积的辐射器干重	
水平辐射器	7.5 kg/m²
垂直辐射器	5.63 kg/m²
所需热能的热源质量②	2.4 kg/kW
总散热量 Q_c	50 kW
能质代偿系数	35.3 kg/kW

表 4-24 采用沸石热泵和蒸气压缩热泵的热控系统参数对比

	沸石热泵	蒸气压缩热泵	
辐射器方位	垂直	垂直	水平
冷端温度 T_c/K	275	275	275
温升 $T_h - T_c$/K	85	85	85
热端(辐射器)温度 T_h/K	360	360	360
加热量/冷却热负荷/($kW_{heat\ input}/kW_{cooling}$)	2.5	—	—
热源温度/K	700	—	—
输入功率/冷却热负荷/($kW_{power}/kW_{cooling}$)	—	0.667	0.667
总散热量/冷却热负荷/($kW_{rejected}/kW_{cooling}$)	3.5	1.67	1.67
热泵质量/冷却热负荷/($kg/kW_{cooling}$)	31.4	11.0	11.0
辐射器方位	垂直	垂直	水平
单位面积散热量/(kW/m^2)	0.268	0.268	0.475

① 更多细节详见 2.2.4 节。

② 这个值是假设一个太阳能通过封闭的通道直接进入工质的太阳能集热器计算得出。这个值是“乐观”估计的，它不包括管道、泵，泵功耗或工质所需的转移到热驱动热泵所需的能量。

续表

	沸石热泵	蒸气压缩热泵	
白天所需辐射面积/m^2	652	312	176
辐射器质量(不含工质)/kg	3674	1 750	1 317
能耗转换质量/kg	—	1 177	1 177
热泵质量/kg	1 570	550	550
太阳集热器质量/kg	300	—	—
热泵系统总质量/kg	5 544	3 477	3 044
对比 4.2.4.5 小节			
系统总质量/kg	6 651	4 171	3 452
与月球基地基础热控方案相比节约质量/kg	3 818	6 297	7 017

基于上述系统质量，参照小节 4.2.4.5 的计算过程可得到沸石热泵总质量约(4 171 kg/3 477 kg) ×5 544 kg，即 6 651 kg。因此，和月球基地的基础外部热控系统质量 10 469 kg 相比，沸石热泵可节省 3 818 kg 材料。

具体评估：

- 总减重①：3 818 kg；
- 综合定性得分：+1。

4.2.4.9　轻质辐射器

本节对月球基地辐射器采用轻质材料带来的减重量进行了分析。与月球前哨登陆器类似，月球基地的外部热控系统较难精确界定，表 4 - 25 是月球基地辐射器大致的组件和分类。

表 4 - 25　月球基地辐射器各组件质量

月球基地辐射器组成②	质量/kg	质量百分比/%
支撑结构和展开机构		30.0
辐射器支撑结构	1 041.3	
展开机构	1 952.4	
辐射器面板	6 768.4	67.7
辐射器工质(氨)	233.0	2.3
总计	9 995.1	100.0

① 由于缺乏详细的评估，只给出总减重。

② 在基础条件下，辐射器在 7.5 年后将要更换。此外，最坏的情况是结构和展收机构也要在同一时间替换。因此，这个质量包括 2 套辐射器面板、2 套支撑结构和 2 套展收机构。在基础任务中，辐射器的工质不需要更换。在这里，没有工质的辐射器单位面积质量约为 7.5 kg/m^2。所假定的组成成分为 5.2 kg/m^2 的辐射器面板，0.8 kg/m^2 的支撑结构和 1.5 kg/m^2 的展收机构，而辐射器面板内工质的质量为 0.358 kg/m^2。

本研究中月球基地辐射器组件的质量在原基础上线性变化。当辐射器面板减重 40%时，结构和展收机构减重达 20%，由于辐射器内工质的体积不变，工质质量也将不变①。

由于辐射器面板是月球基地辐射器组件中质量最大的单元，因此即便只有辐射器部分组件（比如蜂窝和蒙皮）采用复合材料或其他先进材料也可以使质量显著减少。结构和展收机构的质量取决于辐射器的尺寸和部署方案，但其采用复合材料后质量也能有所减少。总之，该方法可以使辐射器部分减重达 40%，整个外部热控系统的减重达 33%，如图 4-17 所示。进一步假设，月球基地设计寿命 15 年，使用两组辐射器面板，最坏的情况下，使用 7.5 年后需对辐射器及其支撑结构进行一次更换。表 4-26 为辐射器各部件质量随面板质量减少百分比的变化情况。

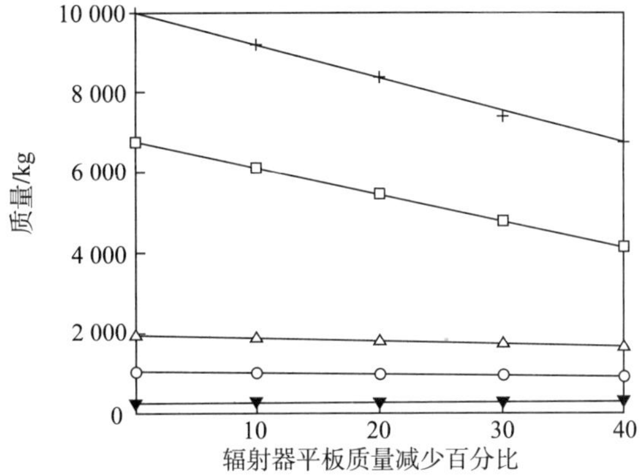

图 4-17　月球基地辐射器质量随辐射器面板质量减少百分比的函数关系

—□— 辐射器面板；—▼— 工质；—○— 支撑结构；—△— 配件；—+— 总值

表 4-26　辐射器各部件质量随面板质量减少百分比的变化情况

	辐射器面板质量减少百分比	
	20%	40%
支撑结构和展开机构质量/kg	2 694.4	2 395.0
辐射器面板质量/kg	5 414.7	4 061.1
辐射器工质/kg	233.0	233.0
辐射器总质量/kg	8 342.1	6 689.1
相比基础辐射器质量减少量/kg	1 653.0	3 306.0
与月球基地基础方案比较质量减少百分比/%	16.5	33.1
单位面积辐射器质量/(kg/m²)	12.82	10.28

参考 2.4 节中提到的轻质辐射器减重特性，选择整体减重 33.1%为参考。因此，对于背景任务而言，月球基地的减重量为 3 306 kg。因为泵功率与工质流体材料物性相关，其消耗功率不变。

① 轻质辐射器的背景和具体实例见 2.4 节。

任何类型的轻质辐射器都可用于月球表面的基地，2.4 节所提到的所有辐射器也都可以垂直布置。这些垂直布置的辐射器需要与辐射器遮板和热泵相结合，以保证在月球的正午时分能够排散足够的热量。当然这些复合辐射器也能像基础系统一样水平放置。

具体评估：

• 设备减重：1 999 kg；

• 能耗节省：无；

• 总减重：1 999 kg。

4.2.4.10 抛物面辐射器遮板

使用抛物面辐射器遮板①可以降低有效热沉温度，特别适用于安装在月球赤道位置的垂直辐射器在正午时分进行散热②。对于永久月球基地，辐射器和遮板都将在月球表面接近地下居住舱和实验室舱段的位置展开。因为整个系统都处在人员管理下，所以辐射器和遮板的展开并不困难。展开后的系统与图 4-8 中下半部分的图类似，也可以将辐射器布置成一条直线。在此情况下，遮板能隔离红外辐射和抑制月尘带来的污染。

假设任务使用抛物面遮板，垂直辐射器组件表面涂有镀银特氟龙，每隔 5 年③，遮板和其展收机构需更换一次。月球基地的抛物面辐射器遮板详细参数如下。

1）散热量：50.0 kW；

2）辐射器表面温度：275.0 K；

3）月球表面发射率：0.93；

4）月球表面吸收率：0.93；

5）月球表面反照率：0.07；

6）太阳辐射：1.371 kW/m^2；

7）太阳入射角：90°；

8）轨道倾斜角：1.53°；

9）辐射器

肋片效率④：0.85；

红外发射率：0.83；

太阳吸收率：0.17；

10）遮板（寿命末期）⑤

弧形上表面

① 详见 2.5.2 节。

② 按报废的垂直辐射器的表面性质（发射率为 0.86，吸收率为 0.14）进行估算，用于上文提到的参考任务，有效热沉温度为 319.6 K。

③ 遮板的隔热性对其表面性能很敏感。而实际的使用过程中材料及其表面涂层将面临永久月球基地寿命期间灰尘积累的严峻问题。表面的积尘中由于人类在基地附近的活动而产生的积尘能够预见和控制。但月球环境中的其他的灰尘积累目前尚不清楚。因此，设置了一个相对较高的遮板更换频率以确保其可靠性。

④ 辐射器假定有 15 年使用寿命。

⑤ Keller（1995 a）[34]遮板假定有 5 年使用寿命。

发射率：0.06；

吸收率：0.14；

弧形下表面

发射率：0.90；

吸收率：0.90；

11）热沉温度①：195 K；

12）辐射器（镀银特氟龙）

面积：292.5 m^2；

单位面积质量：5.63 kg/m^2；

每组辐射器质量：1645.3 kg；

尺寸

高度：1.0 m；

总长：146.3 m；

工质质量损失：0.269 kg/m^2；

工质质量：78.7 kg；

13）遮板

抛物面弧长②：4.59 m；

总长：146.3 m；

面积：671.5 m^2；

单位面积质量③：0.56 kg/m^2；

质量：376.0 kg；

任务期内需要遮板数量：3；

遮板总质量：1 128.0 kg；

14）系统总质量④：2 852.0 kg。

把抛物面辐射器遮板与上述已介绍的背景任务中的情况比较，结果见表 4－27。

表 4－27　采用抛物面辐射器遮板后热控系统参数变化

	月球基地基础热控系统	带遮板的月球基地热控系统	相比基础的变化
辐射器面积/m^2	650.8	292.5	
每组辐射器质量/kg	4 881.1	1 645.3	
需要辐射器组数	2	1	
辐射器质量/kg	9 765.2	1 645.3	－8 119.9

① Keller（1995 a）[34]使用 TSS 计算了发射率为 0.86，吸收率为 0.14 的垂直辐射器的热沉温度为 188.8 K。

② 假定遮板是一个完整的抛物线。换言之，遮板的顶部也是辐射器顶部，遮板的焦点位于辐射器的顶点。

③ 这里单位面积质量包括一个抛物线遮板和适当的支撑结构（Keller，1994）[23]。

④ 该值包括 1 组辐射器面板和 3 个抛物型辐射器遮板加充装工质装备。不包括管道、配件和辐射器中工质的质量，也省略了泵功耗转换质量。

续表

	月球基地基础热控系统	带遮板的月球基地热控系统	相比基础的变化
辐射器压降/kPa	242.0	108.8	
辐射器泵功率/kW	1.629	0.733	
辐射器泵功转换质量/kg	471	200.8	−270.2
辐射器工质/kg	233.0	78.7	−154.3
遮板面积/m^2	—	671.5	
遮板质量/kg	—	376.0	
任务期内需要遮板数量		3	
遮板总质量/kg	—	1 128.0	+1 128.0
系统总质量/kg	10 469.2	3 052.8	−7 416.4

使用抛物面辐射器遮板总的减重量为 7 416.4 kg，因为月球基地是一个长久性任务，所以解决影响遮板效率的表面灰尘沉积将是一个关键性问题。如何对抛物面遮板进行维护需要进一步研究，目前，在遮板的洁净或防污染方面已开展了一些工作（Keller，1995b）[47]。

具体评估：

• 设备减重：7 146 kg；

• 能耗节省：0.896 kW；

• 能耗转换质量：270 kg；

• 总减重：7 416 kg；

• 综合定性得分：−1。

4.2.4.11 植物舱冷却改进系统

再生生命保障系统在延长有航天员参与的任务周期方面具有重要作用，特别是植物舱可以为未来的太空探索提供食物和氧气。因此，植物舱是月球基地的重要组成部分。植物舱内生产的食物与系统的质量相关。2.6.2 节提供的基础植物舱系统的细节来自约翰航天中心的可变压力培养舱。

所有植物舱设计上的改进以有效减少质量为目的。由于假定任何设计变化都相互独立，所以每个设计带来的质量减少都可以进行累积。图 2 - 10 给出了部分植物培养舱的简图。

1）加热器：通过对空气除湿过程的适当管理，可完全不采取回热。因此可以减少回热器的质量（36.5 kg）和相应的能耗质量（每 3 kW 相当于 2 250 kg）。

总减重量：2 286.5 kg

2）导管和通风口：现有的导管和通风口为金属制造，质量为 125.7 kg。改用轻质材料，比如塑料和复合材料，质量可以减半。

总减重量：62.9 kg

3）灯箱格栅：原有位于植物生长灯和植物之间的灯箱格栅为钢化玻璃（厚4.76 mm），

总质量为 63.8 kg。用特氟龙 FEP 碳氟化合物膜（0.127 mm 厚）代替钢化玻璃格栅，能节约几乎所有的灯箱格栅质量（Ewert，1995）。

总减重量：63.8 kg

4）用冷板对灯进行冷却：植物生长照灯安装在冷板上能更有效地将照灯产生的热量从植物舱转移。假设灯产生热量的 40%可以被冷板转移，没有进入植物舱大气，则在植物舱温度不变的情况下，可以减少 40%的空气流量，相应地可节约 40%的送风机能耗，这带来 570 kg（1.9 kW×0.4×750 kg/kW）的质量减少。其中采用的每块冷板质量为 41.9 kg，总质量为 167.6 kg。

总减重量：402.4 kg

5）压舱物：压舱物的质量为 103.4 kg。使用轻质材料，估计该质量可以减半。

总减重量：51.7 kg

由上述选项可知总的减重量为 2 867.3 kg。

具体评估：

- 设备减重：47 kg；
- 能耗节省：3.76 kW；
- 能耗转换质量：2 820 kg；
- 总减重：2 867 kg；
- 综合定性得分：+1。

4.2.4.12　碳刷热交换器

假定月球基地的基础设计采用直流转换器单元（DDCU），DDCU 组件连接冷板利用翅片辐射将热量传递给外部热控系统中的流体工质。如前文所述，假定月球基地中冷板与转换单元之间的接口尺寸和质量与国际空间站的相同，国际空间站 DDCU 组件之间采用辐射翅片的标准接口。这项技术用于替代背景任务中的冷板和冷板接口。Hughes (1995)[46]列举了一个典型的月球基地能源网络，其使用了 12 个 DDCU 组件，3 个总线开关单元（MBSU）以及 3 个直流开关单元（DCSU）。虽然后面两个能源管理装置在功能上与 DDCU 组件有所不同，但为其散热采用的冷板/辐射翅片结构与 DDCU 组件相同。因此，假设 MBSU 组件和 DCSU 组件将使用和 DDCU 组件相同的冷板设计，该冷板设计相当于专门用于国际空间站单元内的外部 DDCU（DDCU - E）①。

为了减少质量并改进 DDCU 的冷却效率，辐射翅片接口可以用碳刷接口代替。假设 18 个 DDCU 冷板翅片被碳刷热交换器替代，则减重量如表 4 - 28 所示。

① 参见 2.6.3 节的辐射翅片设计细节。这些假设虽然简单，但能用于估算来自功率转换翅片的质量和外部安装冷板的质量。国际空间站采用外部 DDCU 是因为其最满足任务要求。此外，在国际空间站的 DDCU 大部分都是外部 DDCU。

表 4-28 碳刷热交换器代替冷板翅片后质量变化

	数量	冷板质量/kg	翅片质量/kg	总减重量/kg
DDCU	12	63.5	4.29	102.96
MBSU	3	63.5	4.29	25.74
DCSU	3	63.5	4.29	25.74

考虑到在冷板和直流变换单元端都有翅片，因此减少的总质量是上下表面翅片质量之和。假设冷板材料采用铝 6061-T6，密度为 2 713 kg/m^3。碳刷热交换器质量可以忽略，基板和冷板的其他结构质量保持不变。

具体评估：

• 设备减重：154 kg；

• 能耗节省：非直接；

• 总减重：154 kg；

• 综合定性得分：+3。

4.2.5 小结

表 4-29 总结了月球基地所采用的先进热控技术及其优点。从 4.2.2 节可以看出，基础外部热控系统的质量为 10 948.3 kg。根据表 4-29 可以看出，抛物面辐射器遮板和太阳能蒸气压缩热泵是月球基地的首选技术，它们各自都可以带来超过 65%的减重，这是因为采用辐射器遮板和热泵能够减小在月昼正午时分需要的辐射器面积。事实上，遮板和热泵通常作为长期月球任务的“必备技术”。热驱动热泵，特别是络合物和沸石吸附式热泵，带来的减重量介于 35%～40%。轻质辐射器可节约 30%的重量，而两相热控系统的整体重量与基准架构的重量相当。任何轻质辐射器技术都是可以应用的。植物舱冷却改进系统是一系列改进思想的组合，如果采用也可以节约可观的重量。

假设在整个研究过程中质量不确定为 10%，那么采用先进技术至少需要减少 1 095 kg 才能确保整个热控系统质量得到减少。此外，由于设计和研发成本不能忽略，所以质量减少要达到 25%（2 737 kg）才有意义。如果参照该标准，月球基地的先进热控系统技术可以分为五类：

1）采用先进热控技术后的热控系统，与基础外部热控系统比较，质量增加大于 10%：无；

2）采用先进热控技术后的热控系统，与基础外部热控系统比较，质量增加不大于 10%：无；

3）采用先进热控技术后的热控系统，与基础外部热控系统比较，质量减少小于 10%：带机械泵/分离器的两相热控系统，低能耗两相热控系统，毛细泵回路；

4）采用先进热控技术后的热控系统，与基础外部热控系统比较，质量减少在 10%～25%：无；

5）采用先进热控技术后的热控系统，与基础外部热控系统比较，质量减少大于 25%：

蒸气压缩热泵、太阳能蒸气压缩热泵、沸石热泵、络合物热泵、轻质辐射器和抛物面辐射器遮板。

综上所述，月球基地基础外部热控系统虽然技术成熟可靠，但仍复杂笨重。正因为如此，大部分先进热控技术都能带来明显的质量减少。第三类技术效果与基础系统相似，它包括两相热控系统。最后一类先进热控技术显示出了良好的应用前景，它包括不同种类热泵、抛物面辐射器挡板以及轻质辐射器。在该类中，两种蒸气压缩热泵以及抛物面辐射器挡板能够实现最大约65％的减重。两种热驱动热泵实现约40％的减重。

还有部分在月球基地使用的技术属于增强型技术，这些增强的先进技术带来的质量增减与选择的热控系统无关。这类技术包括植物舱冷却技术和碳刷热交换器技术。

1）质量增加的增强技术：没有；

2）质量减少的增强技术：植物舱冷却改进系统和碳刷热交换器。

表4-29　适用于月球基地的先进主动热控技术总结

先进主动热控技术	总减重量/kg	减重百分比/％	定性评估得分
具有机械泵/分离器的两相热控技术	456	4	0
低能耗两相热控技术	751	7	−1
电液泵驱动两相热控技术	未知		+2
毛细泵回路	917	8	0
蒸气压缩热泵①	7 017	64	+2
太阳能蒸气压缩热泵	7 321	67	+2
络合物热泵	4 241	39	+1
沸石热泵	3 818	35	+1
轻质辐射器	3 306	30	—
抛物面辐射器遮板	7 416	68	−1
植物舱冷却改进系统	2 867	26	+1
碳刷热交换器	154	1	+3

4.3　火星着陆器

4.3.1　背景任务

与月球类似，火星也具有极端的环境。火星距离地球较远，其表面温度变化范围很大，从冬季的130K一直到夏季的300K（Reich，Scoon，1993）[48]。火星的黄赤夹角为24.8°，与地球相近，火星上的一天为24.66小时。与地球不同的是，火星的运行轨道更接近椭圆。在夏季火星南半球最热的时候，火星与太阳的距离是1.381个天文单位（地球与太阳的平均距离为1个天文单位）。在火星北半球最冷的时候，火星距离太阳为1.666

① 这里的值基于与水平辐射器相组合而得出的，若改用垂直辐射器可以节省6 297 kg。

个天文单元。火星还存在稀薄但意义重大的大气，其成分为96%的二氧化碳和3%的氮气，大气压力范围为600～1 000 Pa（Dzenitis，1992）[49]。火星表面的风速能达到30 m/s，所以在南半球的夏季时节，产生大量的沙尘暴能够弥漫到整个火星（Reich，Scoon，1993）[48]。

当人类使用载人航天探测器对火星进行探测时，这种探测器就像阿波罗飞船一样，它包括航天员运输器和着陆器。航天员运输器负责将航天员从地球轨道转移到火星轨道。轨道制动可以将航天器的运行速度从行星间运行速度降低到火星轨道稳定速度，随后航天员再通过乘坐着陆器下降到火星赤道位置。在火星表面停留30天后，火星着陆器再次携带航天员返回航天员运输器，并一起返回地球。具有热防护功能的返回舱可以经历行星间航行安全地将航天员从火星轨道运送回到地球表面。

本节将关注火星着陆器位于火星表面时的情况，着陆过程及航天员在运输器上的转移过程都不予考虑。火星着陆器由载人舱和实验舱组成，能容纳4人工作。整体结构类似于月球前哨登陆器。事实上，组合式火星探测器在地球轨道组装，在忽略火星赤道着陆点环境的情况下，火星着陆器主动热控系统的设计热负荷为30 kW。假设连续工作情况下的能质代偿系数为111 kg/kW，仅白天工作情况下的能质代偿系数为25 kg/kW，此能质代偿系数是在假设能源系统进行了许多改进的条件下所得出，一般难以达到。

4.3.2 基础方案

火星着陆器基础外部热控系统采用低太阳吸收率垂直辐射器，以及以液氨为工质的单相流体回路。考虑到设计冗余，采用了3个外部热控系统回路，每个回路服务两个区域。每个回路的散热能力设计为总标称热负荷的一半（15 kW），所以当一个回路失效后，整个系统依然满足热控要求。该热控系统采用与国际空间站热控系统类似的单相热控系统。每个外部热控系统回路同时为低温及中温设备提供热控需求，采用串联设计。简而言之，在回路中将低温区域设计在中温区域之前。通过辐射器旁路阀的开度可实现外部热控系统回路设定点温度值的控制。火星着陆器的每个区域都有两个工质为水的内部热控系统回路。辅助装置设计使得任一内部热控系统回路都能为火星着陆器的所有冷板及热交换器提供服务。该设计使得整个热控系统具有了较大的适应性，可靠性增强。每个回路也都有专用的泵驱动（图4-18）。

着陆器主动热控系统总热负荷为30 kW，水平辐射器的单位辐射面积质量为7.50 kg/m^2，垂直辐射器为5.625 $kg/m^2$①。火星着陆器着陆在火星赤道表面，在该区域夜间的温度变化范围为185～190 K，白天的温度变化范围为220～260 K（Reich and Scoon，1993）[48]。正午时分，远日点的太阳辐射热流为0.493 kW/m^2，近日点太阳辐射热流为0.718 kW/m^2。火星表面的发射率为0.9～0.98（Dzenitis，1992）[49]。

① 与永久月球基地的辐射器质量相同。该值大于类似航天器月球前哨登陆器的辐射器质量，这是采用了健壮性设计。

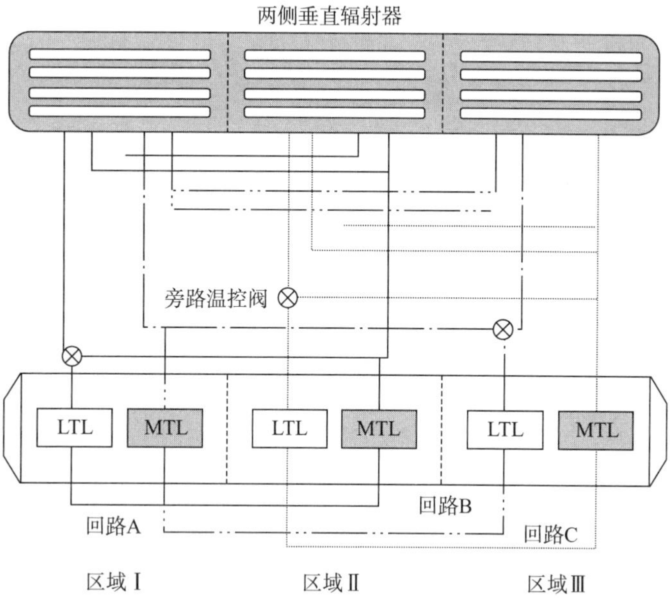

图 4-18　火星着陆器外部热控系统管路

(1) 总的外部热控系统性能

1) 散热量：30.0 kW；

2) 外部热控系统工质：液氨。

(2) 低太阳吸收率垂直辐射器①

1) 表面发射率：0.8；

2) 太阳吸收率：0.2；

3) 翅片效率：0.85；

4) 辐射器表面平均温度：275.0K；

5) 单位面积散热量：0.10 kW/m^2；

6) 辐射器表面积：352.94 m^2；

7) 单位面积辐射器质量（无工质）②：5.625 kg/m^2；

8) 辐射面板质量：1 985.3 kg；

9) 单位面积辐射器工质质量③：0.269 kg/m^2；

10) 辐射器工质质量：94.9 kg；

11) 总的辐射器质量④：2 080.2 kg。

图 4-18 中，LTL 代表低温回路，MTL 代表中温回路。系统使用 3 个外部热控系统回路，提供了外部、内部热控系统两个回路的冗余度，工质为液氨。通过旁路阀实现温度

① 辐射器的大小是基于 4.3.3 节给出的参数研究确定。

② 单位面积辐射器质量包括结构和安装机构以及实际辐射器面板质量。

③ 单位面积辐射器工质质量是基于国际空间站可替换辐射器单元中工质的质量除以辐射面积计算得出的。

④ 在沙尘暴中使用的对应的水平辐射器设计，辐射面积为 392.59 m^2，辐射器质量 2 944.4 kg，工质质量 140.6 kg。

控制。总体而言，辐射器和乘员舱所占体积被划分为 3 个冷却区域。每个冷却区域有两个以水作为工质的内部热控系统回路，它们之间互相连通，互为备份。每个回路都单独配备驱动泵。

（1）外部热控系统流体回路质量流量

1）外部热控系统流体平均温度：278.0 K；

2）辐射器出口温度：274.82 K；

3）辐射器入口温度：281.18 K；

4）氨平均比热：4.62 kW·s/（kg·K）；

5）总质量流量（满载/平均分配）：1.021 kg/s；

6）每个回路名义流量（满载/平均分配）：0.340 kg/s；

7）每个回路最大流量：0.510 kg/s。

（2）外部热控系统泵模块

1）泵效率：0.45；

2）氨平均密度：631.96 kg/m^3；

3）单位辐射面积辐射器压降①：0.371 8 kPa/m^2；

4）辐射器压降：131.2 kPa；

5）辐射器泵能耗：0.471 kW；

6）每个回路假设的有效长度：40 m；

7）外部热控系统回路数：3；

8）管路直径②：0.023 6 m；

9）管路名义压降（单回路）：14.58 kPa；

10）管路泵名义能耗（单回路）：0.017 4 kW；

11）泵功耗：0.523 kW；

12）连续工作状态下能质代偿系数：111 kg/kW；

13）泵能耗转换质量：58.1 kg；

14）管路内氨质量：33.2 kg。

（3）火星着陆器主动热控系统概况

1）散热量：30.0 kW；

2）辐射器质量（无工质）：1 985.3 kg；

3）工质质量：128.1 kg；

4）泵功：0.523 kW；

5）泵能耗转换质量：58.1 kg；

6）外部热控系统散热系统总质量③：2 171.5 kg。

---

① 这个值是基于国际空间站 129.8 m^2 辐射面积的最大辐射器压降 48.26 kPa 得来的。

② 这个值是国际空间站外部热控系统管路的内径值，具体来说就是 0.93in。

③ 这个值不包括泵、管路和配件的质量。

7）包括流体工质的基础辐射器单位面积质量：5.89 kg/m^2。

4.3.3 参数研究

Dzenitis (1992)[49]提出了一种适用于火星环境下的热传输模型。在其研究中，火星着陆器辐射器仅考虑依靠辐射散热的最差情景，没有考虑到风的因素，虽然风可以提供对流冷却，降低有效的环境温度且加强辐射器热量排散。但如 Dzenitis （1992）[49]中描述的，假设辐射器安装在固定的火星表面，当风速达到 10 m/s 时，对流换热仅占辐射器总散热量的 10%，因此在火星表面，载人航天器主要依靠辐射换热排散热量。

Dzenitis (1992)[49]提出，在火星上表面辐射可以分为太阳辐射热流和红外辐射热流并提了热流的计算模型①。水平和垂直辐射器的散热量是在火星上典型的“热”位置——赤道获得的。该研究的数据主要来自于 Dzenitis（1992）[49]，Reich 和 Scoon（1993）[48]。具体数值如下：

（1）位置

1）经度，Ls②：270°；

2）纬度，λ：0°。

（2）时间

1）当地午夜时刻：－6.16 时；

2）当地日出时刻 t_{sr}：0.00 时；

3）当地中午时刻 t_{noon}：6.16 时；

4）当地高温时刻 t_h：7.19 时；

5）当地日落时刻 t_{ss}：12.33 时；

6）当地一天时间长度 t_{day}：24.66 小时。

（3）在晴天时当地的环境参数

1）火星表面太阳吸收率，α_G：0.7；

2）火星表面红外发射率，ε_G：0.94；

3）表面平均温度，$\overline{T}_G$：225 K；

4）白天表面温度变化范围，ΔT_G：70 K；

5）火星大气红外发射率，ε_A：0.225；

6）火星大气层平均温度，$\overline{T}_A$：205 K；

7）白天大气温度变化范围，ΔT_A：6.05 K。

（4）尘暴天气时当地环境参数

1）火星表面太阳吸收率，α_G：0.7；

2）火星表面红外发射率，ε_G：0.94；

---

① 火星上最热的地点是赤道以南的南半球 40°的夏季，为南半球最严重的沙尘暴开始的时间（Reich，Scoon，1993）[48]。

② 这节中列出的变量均采用 Dzenitis 使用的术语（1992）。

3）表面平均温度，$\overline{T_G}$ ：220 K；

4）白天表面温度变化范围，ΔT_G：30.25 K；

5）火星大气红外发射率，ε_A：0.83；

6）火星大气层平均温度，$\overline{T_A}$ ：219 K；

7）白天大气温度变化范围，ΔT_A：25.93 K。

（5）辐射器属性

1）表面红外发射率：0.8；

2）表面太阳吸收率：0.2；

3）表面平均温度：275 K。

本文将分析两种辐射器，第一种是单面辐射器，与月球前哨登陆器类似，水平安装在火星着陆器的上表面，第二种是双面垂直辐射器，也安装在火星着陆器的上方。如表 4－30 和 4－31 所示为火星着陆器位于赤道附近着陆点时，在晴天或尘暴天辐射器散热量与时间的关系。

表 4－30　在晴天火星着陆器位于近赤道点时辐射器散热量（τ=0.1）

白天时刻/ h	水平辐射器/ (kW/m²)	垂直辐射器(面向南/北)/ (kW/m²)	垂直辐射器(面向东/西)/ (kW/m²)
0.00(日出)	0.242 4	0.223 1	0.223 1
1.23	0.207 4	0.190 7	0.169 3
2.47	0.171 2	0.171 0	0.153 0
3.70	0.142 9	0.149 1	0.142 3
4.93	0.124 6	0.125 9	0.134 4
(中午)6.16	0.118 1	0.108 2	0.134 1
7.40	0.124 1	0.104 2	0.112 7
8.63	0.141 9	0.109 1	0.102 3
9.86	0.169 7	0.118 9	0.100 9
11.10	0.205 7	0.135 0	0.113 6
12.33(日落)	0.240 7	0.171 9	0.171 9
最小散热量	0.118 1	0.104 2	0.100 9

表 4－31　在尘暴天火星着陆器位于近赤道点时辐射器散热量（τ=2.8）

白天时刻/ h	水平辐射器/ (kW/m²)	垂直辐射器面向南/北/ (kW/m²)	垂直辐射器面向东/西/ (kW/m²)
0.00(日出)	0.191 6	0.187 9	0.187 9
1.23	0.178 8	0.178 4	0.178 4
2.47	0.156 8	0.160 6	0.160 5
3.70	0.128 3	0.137 3	0.137 1
4.93	0.104 4	0.116 7	0.117 0

续表

白天时刻/h	水平辐射器/(kW/m²)	垂直辐射器面向南/北/(kW/m²)	垂直辐射器面向东/西/(kW/m²)
(中午)6.16	0.089 9	0.103 3	0.104 6
7.40	0.093 9	0.104 2	0.104 6
8.63	0.107 7	0.112 9	0.112 7
9.86	0.127 8	0.126 6	0.126 5
11.10	0.145 7	0.139 8	0.139 8
12.33(日落)	0.159 8	0.150 9	0.150 9
最小散热量	0.089 9	0.103 3	0.104 6

面向南/北方向的双面垂直辐射器辐射热流为单独面向南面和面向北面的单面辐射器的辐射热流的平均值。同样地，面向东/西方向的双面垂直辐射器辐射热流也是单独面向东面和面向西面的单面辐射器的辐射热流的平均值。

在两种环境下水平辐射器的特性值得注意。在当地中午时刻，由于该时刻辐射器受到的太阳辐射最强，故水平辐射器与环境之间的换热效率最低。当辐射器表面被严重的尘暴所遮挡时，水平辐射器排散的热量也减少了，这种性能的降低与辐射器在该工况下受到更强的红外辐射有关，当大气中充满沙尘时，火星大气会吸收更多的太阳辐射，然后再通过红外辐射将热量传递给辐射器。而辐射器表面覆盖物更易吸收红外辐射，因此沙尘会影响辐射器散热能力①。

垂直辐射器与水平辐射器的特性不同。因为当火星着陆器位于赤道，在南半球处于夏季时，朝北辐射面板不会接收任何直接的太阳辐照，而朝南面在日出之时就已受到太阳的直接辐照了。在中午之前，朝东的辐射面板受到直接的太阳辐照，朝西的辐射面板在过了当地中午时间后开始接收太阳直接辐照。高温工况出现在当地中午过后一小段时间内，在本研究中假设该段时间为火星一天时间的 1/24。根据上述结果，在忽略辐射器方位的情况下，一个垂直辐射器热排散能力至少为 0.1 kW/m²。在晴天辐射面朝南北方向布置的辐射效率较高，而在沙尘天，辐射器朝东西方向布置的辐射效率较高。在尘暴天气中，空气中的红外辐射增强，辐射器表面并不直接接收太阳辐射。沙尘暴起到了遮蔽太阳的作用，尤其是朝东西方向的辐射面板在清晨和夜晚受日照的时候。

垂直和水平辐射器性能取决于各个辐射器表面的有效角系数。水平辐射器只能朝向天空，因此其性能受大气红外辐射水平影响较大。垂直辐射器有一半辐射面积朝向火星表面，接受相对稳定的火星表面红外辐射。由于最高表面温度有所降低，所以在沙尘暴期间火星表面红外辐射会有所降低（Reich，Scoon，1993）[48]。

对辐射器性能与辐射器表面温度关系的研究结果如表 4－32～表 4－35 及图 4－19 及图 4－20 所示。

① 另一种解释是，沙尘会阻碍辐射器向空间冷背景散热，导致辐射器性能下降。

表 4－32　晴朗白天在赤道点所需辐射器面积

辐射器表面温度/K	水平辐射器/m^2	垂直辐射器面向北/南/m^2	垂直辐射器面向东/西/m^2
265.0	364.1	438.4	460.4
267.5	329.8	389.6	406.9
270.0	300.7	349.7	363.5
272.5	275.7	316.3	327.6
275.0	254.0	288.0	297.4
277.5	235.0	263.8	271.6
280.0	218.2	242.8	249.4
282.5	203.3	224.5	230.1
285.0	189.9	208.3	213.2

表 4－33　晴朗白天时在赤道点辐射器干重（τ=0.1）

辐射器表面温度/K	水平辐射器/kg	垂直辐射器面向南/北/kg	垂直辐射器面向东/西/kg
265.0	2 730.8	2 465.9	2 589.6
267.5	2 473.7	2 191.7	2 288.9
270.0	2 255.4	1 966.8	2 044.7
272.5	2 067.8	1 779.1	1 842.6
275.0	1 904.9	1 620.1	1 672.6
277.5	1 762.2	1 483.9	1 572.8
280.0	1 636.3	1 365.9	1 403.0
282.5	1 524.4	1 362.8	1 294.4
285.0	1 424.4	1 171.9	1 199.1

表 4－34　在白天沙尘暴天气下位于赤道点的辐射器所需面积（τ=2.8）

辐射器表面温度/K	水平辐射器/m^2	垂直辐射器面向南/北/m^2	垂直辐射器面向东/西/m^2
265.0	843.4	724.6	647.8
267.5	679.8	600.5	546.7
270.0	566.7	510.5	471.1
272.5	483.9	442.4	412.5
275.0	420.8	389.0	365.7
277.5	371.0	346.1	327.5
280.0	330.8	310.8	295.8
282.5	297.7	281.4	269.0
285.0	269.9	256.5	246.1

表 4-35　在白天沙尘暴天气下位于赤道点的辐射器干重（$\tau=2.8$）

辐射器表面温度/K	水平辐射器/kg	垂直辐射器面向南/北/kg	垂直辐射器面向东/西/kg
265.0	6 325.1	4 076.1	3 643.7
267.5	5 098.1	3 377.6	3 075.2
270.0	4 250.2	2 871.5	2 650.0
272.5	3 629.5	2 488.2	2 320.2
275.0	3 155.8	2 188.0	2 057.0
277.5	2 782.6	1 946.6	1 842.2
280.0	2 481.1	1 748.5	1 663.8
282.5	2 232.7	1 583.0	1 513.2
285.0	2 024.5	1 442.7	1 384.6

图 4-19 显示辐射器面积与辐射器方位及表面温度的关系，图 4-20 显示辐射器质量与辐射器方位及表面温度的关系，假设在该研究中翅片效率均为 1.00。

所需辐射器面积与辐射器表面温度关系密切，这是因为辐射散热量与辐射温度直接相关。对于东西朝向的辐射器，在沙尘暴环境中，如果辐射器温度从 265 K 增加到 275 K，所需的辐射面积将减少 44%。若辐射器温度从 275 K 增加到 285 K，则所需辐射面积将减少三分之一。Henson（1995）[50]也得出了相似的结论。

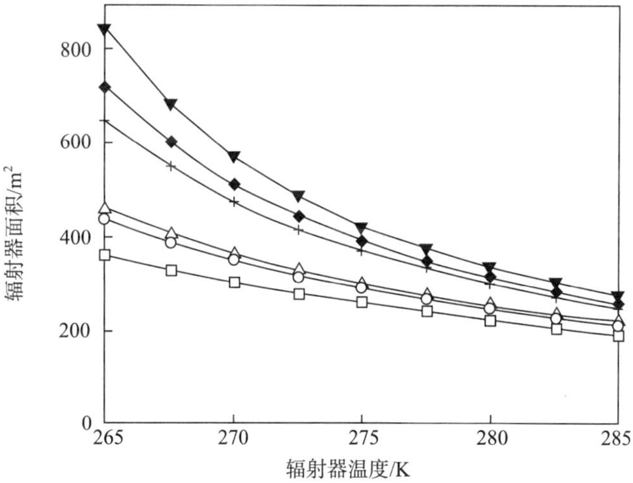

图 4-19　假设翅片效率为 1.00 时，不同辐射器位置及环境条件下，火星着陆器辐射器面积与辐射器表面温度变化的关系

晴天，τ=0.1；　沙尘天，τ=2.8；

—□— 水平辐射器；—▼— 水平辐射器；—○— 垂直辐射器面向南/北；

—◆— 垂直辐射器面向南/北；—△— 垂直辐射器面向东/西；—+— 垂直辐射器面向东/西

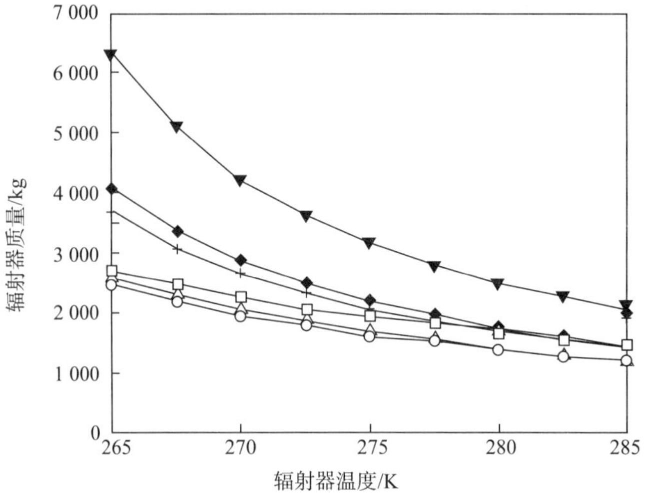

图 4-20 不同辐射器位置及环境条件下，火星着陆器辐射器净重与辐射器表面温度的关系

晴天，τ=0.1； 沙尘天，τ=2.8；
—□— 水平辐射器；—▼— 水平辐射器；—○— 垂直辐射器面向南/北；
—◆— 垂直辐射器面向南/北；—△— 垂直辐射器面向东/西；—+— 垂直辐射器面向东/西

4.3.4 用于火星着陆器的先进主动热控系统架构

火星着陆器在火星赤道位置的设计停留时间为 30 天，基础热控系统假设航天器安装双面垂直辐射器，工质为液氨。本节对每种可行的先进热控系统与基础热控系统进行对比分析并计算总减重量。其中，对各个先进技术的定性评估在第 2 章中已经完成。

4.3.4.1 低能耗两相热控技术

本研究中参考 Ungar（1995）[1]对空间站的评估，对火星着陆器两相热控技术进行了分析①。Ungar（1995）[1]分析的小型空间站所用热控系统规模与火星着陆器使用的基础热控系统相类似。Ungar（1995）[1]也对小型空间站中采用的低能耗两相热控技术进行了分析。

表 4-36 中，LTL 表示低温回路，MTL 表示中温回路。火星着陆器基础热控系统采用 3 个单相低温回路。将火星着陆器基础热控系统与小型空间站单相热控系统相比，在外部热控系统回路设定温度相同时，火星着陆器热控系统相比小型空间站热控系统对能耗的需要少 45%，火星着陆器低能耗两相热控系统能耗为 Ungar（1995）计算的小型空间站两相热控系统能耗的 55%。火星着陆器低能耗两相热控系统中低温回路泵功率为 0.037 kW，中温回路泵功率为 0.044 kW。一个完整火星着陆器的低能耗两相热控系统方案是使用两个低温回路和一个中温回路组合，总的泵功率将达到 0.118 kW。Ungar（1995）[1]研究结果分析，辐射器面积大小与与热控系统有关，但更取决于散热量，因此火星着陆器低能耗

① 低功耗两相热控系统的详细介绍见 2.1.2 节。

两相热控系统辐射器面积与基础热控系统相同，但低能耗两相热控系统使系统泵功更低。表 4-37 为低能耗两相热控系统泵功率分析。

表 4-36　不同热控系统参数对比

	火星着陆器基础热控系统（单个回路）	火星着陆器基础热控系统（全系统）	小型空间站（Ungar,1995）[1]			
			单相热控系统		低能耗两相热控系统	
			LTL	LTL	LTL	MTL
泵功率/kW	0.174	0.523	0.320	0.320	0.068	0.080
辐射器面积/m^2	117.6	352.9	197	197	195	195
回路设定温度/K	274.8	274.8	275.2	275.2	275.2	287.2

表 4-37　低能耗两相热控系统泵功率分析

	火星着陆器基础热控系统	火星着陆器低能耗两相热控系统	相比基础的变化
泵功率/kW	0.523	0.118	
泵能耗转换质量/kg	58.1	13.1	45.0

最后，低能耗两相热控系统使用的流体管路相比基础单相热控系统更细，这样带来了额外的减重，但是这些减重没有包括在评估中。

具体评估：

- 设备减重：可忽略；
- 能耗节省：0.405 kW；
- 能耗转换质量：45 kg；
- 总减重：45 kg；
- 综合定性得分：－1。

4.3.4.2　电液泵驱动两相热控技术

基于 2.1.3 节结论，火星着陆器可以使用电液泵驱动两相热控技术。由于电液泵驱动两相热控系统在低能耗两相热控系统的基础上还能节约一定的质量，所以预测该技术的应用相比基础热控系统能够带来显著的减重量。但是，由于该技术缺乏足够的数据支撑，所以具体的减重量无法确定。

具体评估：

- 设备减重：未知；
- 能耗节省：未知；
- 总减重：未知；
- 综合定性得分：＋2。

4.3.4.3　毛细泵回路

基于 4.3.2 节中给出的基础方案，对火星着陆器而言，毛细泵回路①能够节约

① 毛细泵回路的背景见 2.1.4 节。

0.523 kW 的泵功率，这相当于火星着陆器外部热控系统的泵功率。因为毛细泵回路的设备质量与基础单相热控系统的质量相当，所以总减重 58.1 kg 是由泵功率减少转化而来的。

具体评估：

- 设备减重：无；
- 能耗节省：0.523 kW；
- 能耗转换质量：58 kg；
- 总减重：58 kg
- 综合定性得分：0。

4.3.4.4 蒸气压缩热泵

不同于月球，火星表面热环境没有月面极端。火星一天的时间比月球稍长，每天的温度波动范围也小于月球，然而使用热泵以增加辐射温度仍然是合理的想法。在本节中对蒸气压缩热泵[①]在火星表面昼夜连续使用的情况进行了研究。

在基础热控系统中，火星着陆器外部热控系统采用 3 个回路冗余设计，并且每个回路都有各自的热泵。在正常运行期间，每个热泵负责三分之一的热负荷（即 10 kW）。但是每个热泵能够传输的最大热量超过正常情况下热负荷的 50%（即 15 kW），所以火星着陆器在单个热泵失效时依旧可以实现所有热负荷排散的任务需求。本节分析以单个外部热控系统回路为基础。

如图 4-21 所示，通过对垂直辐射器温升和流量这两个参数进行研究，当热泵温升为 26.0 K，并且外部热控系统单个回路流体质量流量增加到 1.13 kg/s 时，火星着陆器外部热控系统垂直辐射器质量最小。详细数据如下（外部热控系统 3 个回路中的 1 个）。

1）冷端温度，T_c（蒸发器温度）：274.0 K；

2）温度上升，T_h-T_c：26.0 K；

3）热端温度，T_h（冷凝器温度）：300.0 K；

4）辐射器入口温度，T_{in}：296.0 K；

5）环境温度，T_{sink}[②]：243.14 K；

6）每个回路总散热量，Q_C：10.0 kW；

7）工作性能系数，COP_{Carnot}：10.54；

8）热泵效率，η[③]：0.50；

9）所需输入功耗，W_{real}：1.90 kW。

对垂直辐射器采用参数研究模型仿真发现，在恶劣环境工况下，垂直辐射器比水平辐

---

① 蒸气压缩热泵背景资料见 2.2.1 节。

② 环境温度是由当垂直辐射器面向东西方向辐射散热的一天散热量计算出的。使用水平辐射器遭遇沙尘暴的最恶劣情况下的散热量，相应的有效热沉温度为 247.23 K。

③ 该值是与卡诺循环性能系数（COP）的百分比。

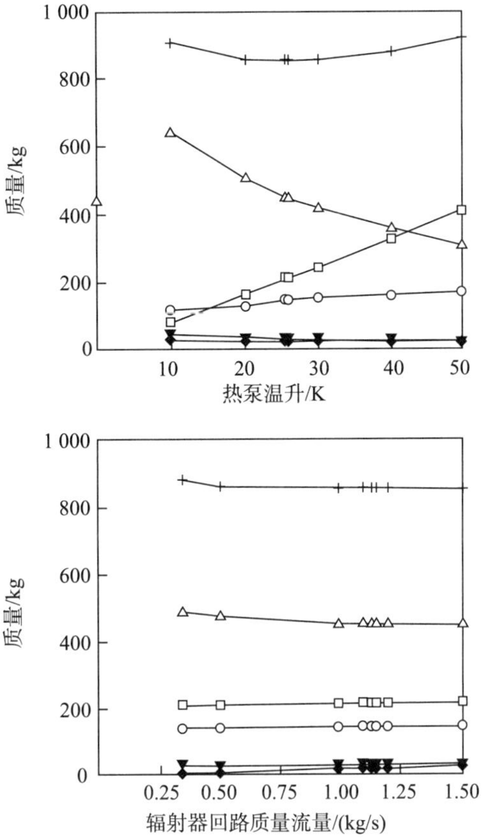

图 4－21　火星着陆器外部热控系统质量分别与蒸气压缩热泵温升及辐射器回路工质流量的变化关系

—□— 热泵功耗转换质量；—▼— 工质流体；—○— 热泵；—◆— 泵功耗转换质量；—△— 辐射器；—+— 合计

射器具有更好的散热能力①。

1）发射率：0.80；

2）太阳吸收率：0.20；

3）翅片效率：0.85；

4）辐射器氨工质质量流量：1.13 kg/s；

5）氨工质平均温度：294.4 K；

6）辐射器平均温度：292.9 K；

7）单位面积散热量：0.149 kW/m²；

8）每个回路辐射器散热量，$Q_{H,\mathrm{real}}$：11.90 kW；

9）单位面积辐射器质量：5.625 kg/m²；

10）单位面积辐射器工质质量：0.269 kg/m²；

11）白天所需辐射器表面积：79.90 m²。

---

① 这出现在垂直辐射器在没有沙尘的下午面向东西方向辐射散热。

外部热控系统管路泵驱功率保持不变，该功耗包括驱动工质流过蒸发器及冷凝器部分所需的功耗。冷凝器部分功耗占到驱动泵功耗的 50%（即 0.5×0.12 kW）。蒸发器部分功耗占到基础辐射器驱动能耗的 50%（即 0.5×0.47 kW/3）。如上表所示，一个连续运行蒸气压缩热泵比基础外部热控系统质量要更大。表 4-38 为火星着陆器外部热控系统质量及功率。

表 4-38 火星着陆器外部热控系统质量及功率

	火星着陆器外部热泵热控系统（单个回路）	火星着陆器外部热泵热控系统（全系统）	火星着陆器基础热控系统（全系统）	相比基础的变化
辐射器质量/kg	449.4	1 348.2	1 985.3	−637.1
流体工质/kg	21.5	64.5	94.9	−30.4
热泵质量①/kg	141.7	425.1	—	+425.1
辐射器，流体和热泵质量/kg	621.6	1 837.8	2 080.2	−242.4
能耗				
热泵/kW	1.90	5.70	—	
蒸发器泵/kW	0.08	0.24	—	
冷凝器泵/kW	0.06	0.18	—	
辐射器泵/kW	0.12	0.36	0.47	
总能耗/kW	2.16	6.48	0.47	
能耗转换质量/kg	239.8	719.4	52.2	+667.2
总质量/kg	852.4	2 557.2	2 132.4	+424.8

具体评估：

- 设备减重：242 kg；
- 能耗节省：−6.01 kW；
- 能耗转换质量：−667 kg；
- 总减重：−425 kg；
- 综合定性得分：+1。

4.3.4.5 太阳能蒸气压缩热泵

蒸气压缩热泵热控系统最大的缺陷是能耗高。对于之前提到的蒸气压缩热泵，系统能耗转换质量占到外部热控系统总质量的四分之一。实际上在火星上只有当运输器或居住舱处于太阳照射时，蒸气压缩热泵才有必要运行，在晚上，只需要通过辐射器就可以将热量散走。所以，为了降低使用蒸气压缩热泵的火星着陆器系统的总质量，可以将热泵作为一个旁路，允许日落之后外部热控系统流体工质直接流经辐射器。在白天时，热泵辐射器回路正常运行，此时辐射器工质只在热泵冷凝器与辐射器之间流动。热泵可利用光伏太阳能

① 热泵尺寸见 3.1.5.4 节脚注

阵产生的电能进行驱动，在该模式下[①]，能质代偿系数为 25 kg/kW，而此前热泵连续工作时的能质代偿系数为 111 kg/kW。

图 4－22 中参数研究表明，热泵温升为 28.1 K 及每个外部热控回路流经辐射器的质量流量增加到 0.82 kg/s 时，外部热控系统单回路质量最小。当热泵无法运行时，辐射面积必须达到满足日落后不利环境条件下排散的标称热负荷，这里每个回路为 78.0 m^2。因此：

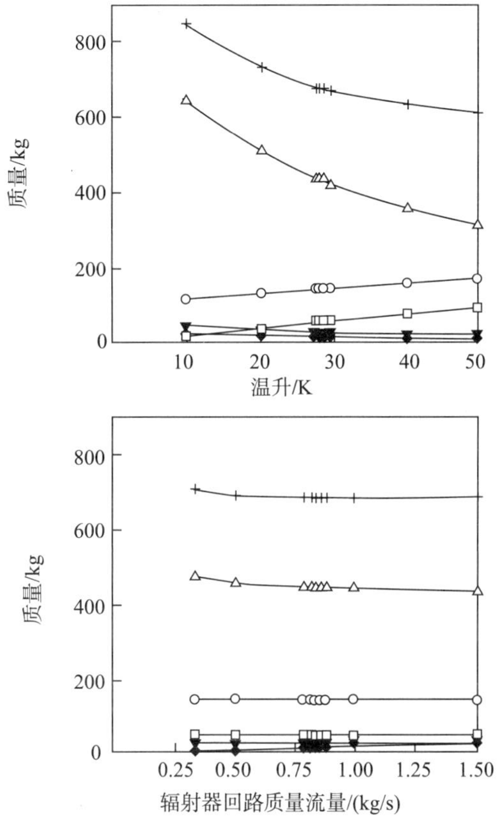

图 4－22 火星着陆器外部热控系统单回路质量与太阳能蒸气压缩热泵温升及辐射器回路流量的关系

—□— 热泵功耗转换质量；—▼— 工质流体；—○— 热泵；—◆— 泵功耗转换质量；—△— 辐射器；—+— 合计

1）冷端温度，T_c（蒸发器温度）：274.0 K；

2）温度上升，$T_h - T_c$：28.1 K；

3）热端温度，T_h（冷凝器温度）：302.1 K；

4）辐射器入口温度，T_{in}：298.1 K；

5）环境温度，T_{sink}：243.14 K；

6）每个回路总散热量，Q_c：10.0 kW；

① 这项研究还没有解决如果遭遇沙尘暴光伏太阳能电池阵列是否能产生足够的功率。这是非常重要的问题，因为中午是火星上最热的环境也是沙尘暴出现的时候。因此，如果热泵不可用，单独依靠辐射器也必须能将全部热负荷排散。太阳能蒸气压缩热泵更多信息见 2.2.2 节。

7）工作性能系数，COP_{Carnot}：9.75；

8）热泵效率，η[①]：0.50；

9）所需输入功耗，W_{real}：2.05 kW。

在恶劣环境工况下，通过参数研究模型仿真发现垂直辐射器比水平辐射器具有更好的散热能力[②]。

1）发射率：0.80；

2）太阳吸收率：0.20；

3）翅片效率：0.85；

4）辐射器氨工质质量流量：0.82 kg/s；

5）氨工质平均温度：295.8 K；

6）辐射器平均温度：294.3 K；

7）单位面积散热量：0.154 kW/m²；

8）每个回路辐射器散热量，$Q_{H,real}$：12.05 kW；

9）单位面积辐射器质量：5.625 kg/m²；

10）单位面积辐射器工质质量：0.269 kg/m²；

11）白天所需辐射器表面积：78.05 m²；

12）夜晚所需辐射器表面积：78.00 m²。

这里，辐射器的设计受限于日落后排散标称热负荷所需的辐射面积（图 4－23）。根据不同的条件对各部分能耗转换质量进行分类。

装置能耗产生时间：

1）热泵能耗：仅日间有；

2）蒸发器泵能耗：仅日间有；

3）冷凝器泵能耗：仅日间有；

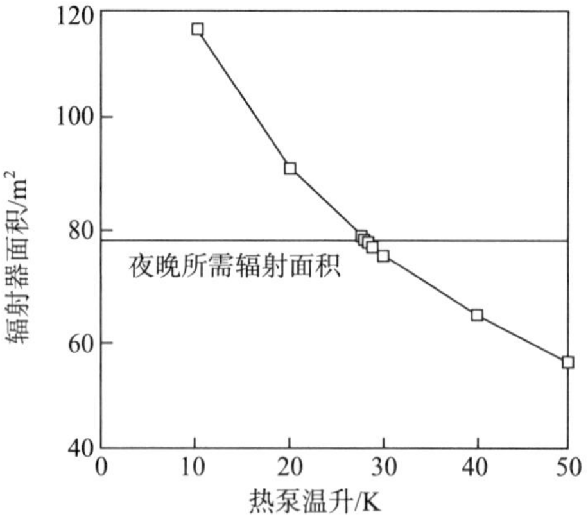

图 4－23　每个外部热控系统回路辐射面积和辐射器面积与太阳能蒸气压缩热泵温升及辐射器回路质量流量的变化关系曲线

① 该值是与卡诺循环性能系数（COP）的百分比。

② 这发生在一个垂直辐射器在没有沙尘的一天下午面向东西方向辐射。

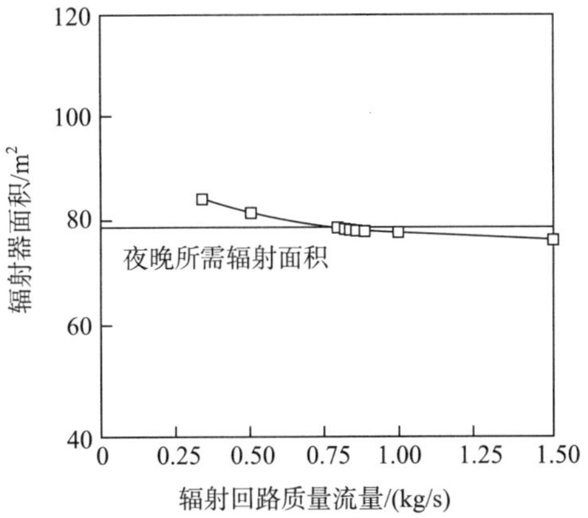

图 4－23　每个外部热控系统回路辐射面积和

辐射器面积与太阳能蒸气压缩热泵温升及辐射器回路质量流量的变化关系曲线（续）

4）辐射器泵能耗：连续。

外部热控系统管路驱动泵功率不变。如上一节所述，功率值包括驱动工质流过冷凝器和蒸发器所需动力。

如预期的一样，使用太阳能作为驱动能源的热泵的系统质量相比连续运行热泵系统小，相比基础热控系统的质量更小。表 4－39 为太阳能蒸气压缩热泵引起的质量和功率变化。

表 4－39　太阳能蒸气压缩热泵引起的质量和功率变化

	火星着陆器外部太阳热泵热控系统(单个回路)	火星着陆器外部太阳热泵热控系统(全系统)	火星着陆器基础热控系统(全系统)	相比基础的变化
辐射器质量/kg	439.0	1317.0	1985.3	－668.3
流体工质/kg	21.0	63.0	94.9	－31.9
热泵质量①/kg	144.3	432.9	—	＋432.9
辐射器,流体和热泵质量/kg	604.3	1 812.9	2 080.2	－267.3
能耗				
热泵/kW	2.05	6.15	—	
蒸发器泵/kW	0.08	0.24	—	
冷凝器泵/kW	0.04	0.12	—	
辐射器泵/kW	0.09	0.27	0.47	
总能耗/kW	2.26	6.78	0.47	
能耗转换质量/kg	64.2	192.6	52.2	＋140.4
总质量/kg	668.5	2 005.5	2 132.4	－126.9

① 热泵尺寸参数见 3.1.5.4 节脚注。

具体评估：

- 设备减重：267 kg；
- 能耗节省：−6.31 kW；
- 能耗转换质量：−140 kg；
- 总减重：127 kg；
- 综合定性得分：+2。

4.3.4.6 轻质辐射器

为了确定火星着陆器辐射器采用轻质材料后具体的减重量，本节采用了参数研究方法。与之前各航天器一样，火星着陆器外部热控系统还处于概念设计阶段，没有定型，其辐射器大致组成及分类如表 4－40 所示。

表 4－40 火星着陆器辐射器组成

火星着陆器辐射器组成①	质量/kg	质量比例/%
支撑结构及展开机构		29.3
辐射器支撑结构	211.8	
展收机构	397.1	
辐射器面板	1 376.4	66.1
辐射器工质	94.9	4.6
合计	2 080.2	100.0

本研究中火星着陆器的辐射器组件质量在原基础上线性变换。当辐射器面板质量减少40%时，结构和展收机构质量减少高达 20%。辐射器内工质体积保持不变，因此工质质量不变②。

由于辐射器面板是辐射器组件中质量最重的单元，即便只有部分辐射器面板（比如蜂窝和蒙皮）采用复合材料或其他先进材料也可以带来较多的减重量。结构和展收机构的质量取决于辐射器的尺寸和部署方案，但其采用复合材料后质量也能有所减少。

研究假设：辐射器每减少 10%的质量，支撑结构和展开装置质量减少 5%。

参考 2.4 节中提到的轻质辐射器减重特性，选择整体减重 20%为参考值，因此对于背景任务，火星着陆器可节约 416.0 kg 质量（图 4－24）。因为泵功率与工质的材料物性相关，所以功率需求不变。

因为火星着陆器执行的是行星任务，故任何轻质辐射器概念都可能被采用，在 2.4 节中提到的所有辐射器都可以垂直安装。不同于月球任务，火星上垂直辐射器在没有辅助设备的情况下也可以使用，并且复合材料流体管路辐射器也能水平布置。表 4－41 为火星着陆器辐射器各部件质量随面板质量减少百分比的变化情况。

---

① 不包括工质的单位辐射面积的质量为 5.625 kg/m^2。各部件组成假定为：辐射器面板为 3.9 kg/m^2，支撑结构为 0.6 kg/m^2，安装机构为 1.125 kg/m^2。上面提到，单位面积辐射器面板的工质质量为 0.269 kg/m^2。

② 轻质辐射器的背景和实例见 2.4 节。

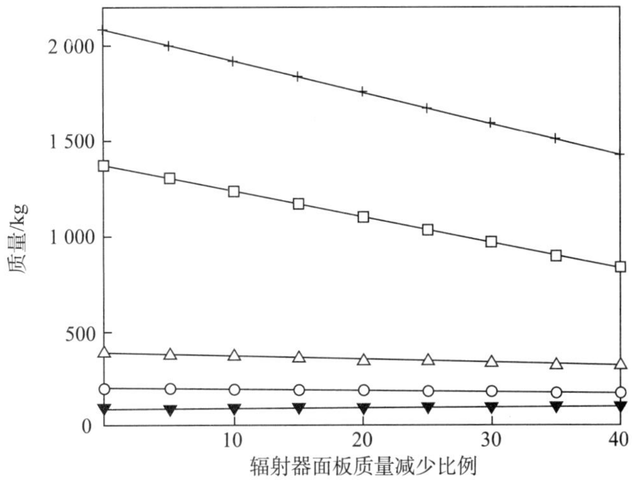

图 4－24　火星着陆器辐射器质量与辐射面板减重量之间的关系

—□— 辐射器面板；—▼— 工质；—○— 展开机构；—△— 支撑结构；—+— 合计

表 4－41　火星着陆器辐射器各部件质量随面板质量减少百分比的变化情况

	辐射器面板质量减少比例	
	20%	40%
支撑结构及展开机构/kg	548.0	487.1
辐射器面板质量/kg	1 101.1	825.8
辐射器工质/kg	94.9	94.9
总辐射器质量/kg	1 744.0	1 407.8
总辐射器质量减少量/kg	336.2	672.4
与火星着陆器基础方案比较质量减少百分比/%	16.2	32.3
单位面积辐射器质量/kg/m²	4.94	3.99

具体评估：

- 设备减重：416 kg；
- 能耗节省：无；
- 总减重：416 kg。

4.3.5　小结

应用于火星着陆器的多种先进热控技术及它们的优点在表 4－42 中进行了总结，从 4.3.2 节中可知，基础外部热控系统质量为 2 171.5 kg。根据表 4－42 可以看出，相较于其他技术，火星着陆器上使用轻质辐射器更合适。尽管太阳能蒸气压缩热泵技术获得的减重量不是特别的显著，但是从考虑火星的不确定气候因素方面看，采用热泵技术可以增加热控系统的灵活性，这对火星探测任务是十分有利的。

假设在整个研究过程中质量不确定为 10%，那么使用先进热控技术至少要减少217 kg

才能确保整个热控系统质量得到减少。并且，因为设计和研发成本也不能忽略，所以节约25％（543 kg）的质量才有意义。参照这些标准，可以将应用于火星着陆器的先进热控技术划分为5类：

1）采用先进热控技术后的热控系统，与基础外部热控系统比较，质量增加大于10％：蒸气压缩热泵；

2）采用先进热控技术后的热控系统，与基础外部热控系统比较，质量增加不大于10％：无；

3）采用先进热控技术后的热控系统，与基础外部热控系统比较，质量减少小于10％：低能耗两相热控系统，毛细抽吸回路，太阳能蒸气压缩热泵；

4）采用先进热控技术后的热控系统，与基础外部热控系统比较，质量减少在10％～25％之间：轻质辐射器；

5）采用先进热控技术后的热控系统，与基础外部热控系统比较，质量减少大于25％：无。

综上所述，连续运行的蒸气压缩热泵不适用于火星着陆器，使用第三类先进热控系统的外部热控系统与基础外部热控系统效果相似，第四类先进热控技术对于该任务具有较好的应用前景。

表4-42　适用于火星着陆器的先进主动热控技术总结

先进主动热控技术	总减重量/kg	减重百分比/％	定性得分
低能耗两相热控技术	45	2	－1
电液泵驱动两相热控技术	未知		＋2
毛细泵回路	58	3	0
蒸气压缩热泵	－425	－20	＋1
太阳能蒸气压缩热泵	127	6	＋2
轻质辐射器	416	19	—

第5章　结　论

前面章节对不同热控技术应用于各个不同任务时的优势进行了分析，本章将对各个先进热控技术应用于不同任务的减重情况及技术适应性进行总结。在表5-1中，总结了不同热控技术应用于不同任务的减重情况。

表5-1　先进热控技术应用于不同任务所带来的减重量

	相关航天器及基地任务				
	ISS	STS	FLO	PLB	ML
基础外部热控系统质量①/kg	15 568	201 306	2 101	10 948	2 172
先进热控技术	带来的减重量/kg				
两相热控技术					
具有机械泵/分离器的两相热控技术	1 203			456	
低能耗两相热控技术	1 366	8 176	286	751	45
电液泵驱动两相热控技术			未知	未知	未知
毛细泵回路	1 535		370	917	58
热泵					
蒸气压缩热泵	−250			7 017	−425
太阳能蒸气压缩热泵	5 021		259	7 321	127
络合物热泵				4 241	
沸石热泵				3 818	
热管辐射器					
干道热管辐射器	−154				
轴向槽道热管辐射器	−309				
电液泵驱干道热管	490				
轻质辐射器②	1 661	22 904	584	3 306	416
复合材料流体管路辐射器	√	√	√	√	√
复合材料热管辐射器	√		√	√	√
复合材料回流沸腾管辐射器			√	√	√
可展开式辐射器			√	√	√
其他散热技术					

① 详细信息见3.0节和4.0节。

② 表中列举的质量减少是基于通用轻质辐射器的评估，各类轻质辐射器在能够适用的任务下标记"√"。实际应用中，采用轻质辐射器带来的质量减少可能比所列的值更大或更小。

续表

	相关航天器及基地任务				
	ISS	STS	FLO	PLB	ML
相变蓄热装置		11 875			
抛物面辐射器遮板			642	7 416	
附加技术					
流体管路转动关节	444				
植物舱冷却改进技术				2 867	
碳刷热交换器	118			154	

在第 2 章中对这些技术进行了定性评估，并在表 2－9 中进行了总结。

对于上述背景任务，辐射器单位辐射面积质量等于辐射器总质量（含工质）除以辐射器面积，如表 5－2 所示。

表 5－2　背景任务基础热控系统中辐射器单位辐射面积质量

相关任务	单位辐射面积质量/(kg/m²)	翅片效率	单位辐射面积有效质量①/(kg/m²)
国际空间站的改进	8.51	0.88	9.67
空间运输系统的升级(6 面板结构)②			5.01
空间运输系统的升级(8 面板结构)			5.30
月球前哨登陆器	7.37	0.85	8.67
永久月球基地③	7.86	0.85	9.25
火星着陆器	5.89	0.85	6.93

5.1　综述

纵观上述任务，太阳能蒸气压缩热泵和轻质辐射器是最适用的先进热控技术。蒸气压缩热泵的能耗较高，为了弥补这个不足，采用蒸气压缩式热泵时需要尽可能减少辐射器面积，但辐射器面积受排散生命保障系统的热负荷的限制。太阳能蒸气压缩热泵使用太阳能系统为压缩机供电与热泵实现集成，以解决热泵能耗高的问题。此外，与基础热控系统相比，除了质量优势，太阳能蒸气压缩热泵的适用范围更广，不仅适用于行星任务也适用于轨道任务。同样地，轻质辐射器也广泛适用于行星任务和轨道任务。一些特殊的轻质辐射器适用于特定的任务或特定类型的任务，如复合材料回流沸腾管辐射器需要在重力环境中

① 单位面积有效质量等于单位辐射面积质量除以翅片效率。

② Jaax(1978)[38]提供了有效辐射面积，而不是实际的辐射面积。

③ 这些值是在参考任务采用一套辐射器的情况下估计得出的。对于周期长达 15 年的参考任务，假设需要使用 2 套辐射器，则单位辐射面积质量为 15.36 kg/m²。

才能正常使用，因此不能用于轨道任务。

定性评估与定量分析减重是相对独立的，定性评估是综合衡量的结果，它包括：体积，安装难易程度，可靠性，研发成本，地面应用潜力等。因此，有很多热控技术虽然在减重上没有优势，但是在综合评估中得分较高。这些技术包括：流体管路转动关节，碳刷换热器，电液泵。所以，评估结果显示这些技术具有优势，不是因为它们的减重优势，而是它们的发展潜能。

5.2 两相热控技术

两相热控技术应用在大系统需要长距离热量传输的情况下具有较大的优势，除了国际空间站与月球基地外的航天器均因为规模太小而无法体现出该技术的优越性。利用两相热控技术改造现有国际空间站面临太多困难，但是两相热控系统适合应用于永久月球基地，而且永久月球基地可能会在将来进行扩展，随着传输距离的增长及热负荷的增加，两相热控系统的减重优势更显著。毛细泵回路组成的两相热控装置即使应用于小型航天器也能体现出良好的经济性，它唯一的缺点就是毛细力产生的压头太低，在行星表面应用毛细泵回路时，需要特别关注该问题。所以该技术不适合用于在航天器进行着陆加速或者再入机动时的热控系统。

5.3 热泵

热泵应用范围非常广泛，它们通过提高废热温度加强散热，较高的散热温度增加了辐射器与环境之间的温差，使得热控系统对辐射器表面性能的敏感程度降低。因此热泵对于行星表面环境并不敏感，除非这些条件影响到辐射器表面性能。但热泵在微重力环境下的设计尚未解决。

蒸气压缩热泵的应用受高能耗的影响，但若能提供充足的廉价能源，例如采用太阳能光伏发电进行供电，蒸气压缩热泵也能成为许多热控系统的选择。

对于某些任务，相比使用金属管路辐射器的基础热控系统，热驱动热泵也具有一定的减重优势。如果将热驱动热泵与工业过程中的高温废热耦合起来将更具经济性。但是，它们没有蒸气压缩热泵效率高。

5.4 热管辐射器

由于金属热管质量较大，只在热控系统面临严重空间碎片击穿的载人飞行任务中才具有实用性。因为在这种环境中的飞行任务，热控系统的安全性比减重更重要。长热管单元的单位辐射面积质量比短热管单元的单位辐射面积质量小，因此，任务首选长热管。采用电液泵驱的热管系统比没有电液泵的热管系统减重更多，因为电液泵可以使热管的传热能力突破毛细极限。除了国际空间站的改进方案，目前其他背景任务对流体回路可能遭受的微流星击穿及在轨空间碎片的影响一般不做考虑。在国际空间站的改进方案中，金属热管辐射器与基础流体回路辐射器热控系统质量相当，与此同时，金属热管辐射器抵抗空间碎片撞击的能力更强。表 5-3 是干道热管辐射器及用于国际空间站改进的基础辐射器的单位辐射面积质量。

表 5-3 各类干道热管辐射器单位辐射面积质量对比

	单位辐射面积质量/(kg/m²)	翅片效率	单位辐射面积有效质量/(kg/m²)
用于国际空间站改进的基础辐射器	8.51	0.88	9.67
热管辐射器			
3.11 m 干道热管辐射器	8.80	0.925	9.51
6.71 m 干道热管辐射器	9.88	0.925	10.68
电液泵驱干道热管辐射器	7.64	0.763	10.01

5.5 轻质辐射器

虽然难以对轻质辐射器进行严格定义，但它能直接降低占据外部热控系统最大质量比重的辐射器的质量。另外，轻质流体回路辐射器的应用不受其他外部热控系统部件的约束。

为了对轻质辐射器有更多更具体的认识，表 5-4 列出了 4 种不同类型的轻质辐射器，它们包括：应用于轨道任务和行星任务的复合材料流体管路辐射器和复合材料热管辐射器，需重力辅助依靠工质密度差异传输热量的复合材料回流沸腾管辐射器和可展开式辐射器。表 5-4 列出了轻质辐射器单位辐射面积的质量，并与背景任务中基础辐射器的单位辐射面积的质量进行比较。

表 5-4 各类轻质辐射器单位辐射面积质量对比

	单位辐射面积质量/(kg/m²)	翅片效率	单位辐射面积有效质量/(kg/m²)
背景任务中的基础辐射器			
国际空间站的改进	8.51	0.88	9.67
空间运输系统的升级(6 面板结构)①			5.01
空间运输系统的升级(8 面板结构)			5.30
月球前哨登陆器	7.37	0.85	8.67
永久月球基地	7.86	0.85	9.25
火星着陆器	5.89	0.85	6.93

① Jaax(1978)[38]提供的是有效辐射面积，而不是实际的辐射面积。

续表

	单位辐射面积质量/(kg/m²)	翅片效率	单位辐射面积有效质量/(kg/m²)
轻质辐射器			
复合材料流体管路辐射器(单侧散热)	8.21	−1.00	8.21
复合材料流体管路辐射器(两侧散热)	4.67	−1.00	4.67
复合材料回流沸腾管辐射器	3.44	1.00	3.44
复合材料热管辐射器①	1.91	0.97	1.96
可展开式辐射器	4.62	1.00	4.62

5.6　其他散热技术

下面介绍的热控技术相比之前所述的热控技术适用面窄。相变蓄热装置可用于飞船的最大热负荷持续时间短于轨道周期的在轨任务，相变蓄热装置为设备提供补充冷源，在飞船处于最大热负荷工况时吸热，在飞船处于最小热负荷工况时放热。

抛物面辐射器遮板在没有大气层的行星上运行良好。通过分析发现，对于月球任务，采用该装置能带来巨大的减重优势。抛物面辐射器遮板也可以在其他环境中应用，但需增加其他配件。因为在有大气层的行星中使用，需要使用附加装置或采取技术手段保证遮板免受尘土及碎片的影响。

5.7　附加技术

本节中提到的热交换技术都是增强型技术，包括流体管路转动关节、植物舱冷却改进技术、碳刷热交换器。当把它们应用到各自的任务中时，并不一定都会带来大的减重量，但这些技术有力地支撑了热控系统的整体减重。

① 复合材料热管辐射器的翅片效率是通过使用热综合系统（TSS）和 SINDA/FLUINT 软件分析得出的，其真实值是未知的。

参考文献

[1] Ungar, E. K. (1995) "Single Phase vs. Two - Phase Active Thermal Control Systems for Space Applications: A Trade Study," AIAA Paper 95 - 0634.

[2] NASA (1991) 1991 Integrated Technology Plan for CivilSpace Program, Office of Aeronautics and Space Technology, National Aeronautics and Space Administration, Washington, D. C..

[3] Cullimore, B. A. (1993) "Capillary Pumped Loop Application Guide," SAE Paper 932156, 23rd International Conference on Environmental Systems, Colorado Springs, Colorado, 1993, Society of Automotive Engineers, Warrendale, Pennsylvania.

[4] Ewert, M. (1993) "Investigation of Lunar Base Thermal Control System Options," SAE Paper 932112, Society of Automotive Engineers, Warrendale, Pennsylvania.

[5] Yerushalmi, S. (1992) "Preliminary Comparison of Heat Pump Cycles," CTSD - 01268 (LESC - 30011), Lockheed Engineering and Sciences Company, Houston, Texas.

[6] Chambliss, J., and Ewert, M. (1990) "Modular, Thermal Bus - to - Radiator Integral Heat Exchanger for Space Station Freedom," SAE paper 901435.

[7] Brown, R., Ungar, E., and Cornwell, J. (1992) "Flight Test Results of the SHARE II Monogroove Heat Pipe," AIAA Paper 92 - 2886, AIAA 27th Thermophysics Conference, Nashville, Tennesee, American Institute of Aeronautics and Astronautics, Washington, D. C.

[8] Kantara, J. J. (1989) "CTB Radiator Weight and Size Assessment Using 43′Long Radiator Panels," CTSD - 00299.

[9] Ungar, E. K. (1996) National Aeronautics and Space Administration, Lyndon B. Johnson Space Center, Houston, Texas. Private communication.

[10] Bryan, J. (1995) Texas A&M University, College Station, Texas. Private conversation at the National Aeronautics and Space Administration, Lyndon B. Johnson Space Center, Houston, Texas.

[11] Nguyen, T. M. (1992) "Summary Report for Heat Pipe Radiator Concept for the Space Station Freedom," OAO Corporation, Greenbelt, Maryland, November 10, 1992.

[12] Christiansen, E. (1992) "SSF Flow - Through Radiator Meteoroid/Debris Penetration Probabilities," SN3 - 92 - 144, National Aeronautics and Space Administration, Lyndon B. Johnson Space Center, Houston, Texas. An internal memorandum to P. Petete and M. Ewert on August 6, 1992.

[13] Cross, C. (1996) "Chamber E EVA Composite Radiator and Lunar Radiator Technology Test Part Ⅱ, Test Plan Document," JSC 38451, National Aeronautics and Space Administration, Lyndon B. Johnson Space Center, Houston, Texas.

[14] Thermacore (1995 b) "Titanium - Lined Lunar Radiator Heat Pipes," SBIR Phase Ⅰ Final Report, Contract NAS9 - 19280, Thermacore, Inc., Lancaster, Pennsylvania. Submitted to National Aeronautics and Space Administration, Lyndon B. Johnson Space Center, Houston, Texas, on August 10, 1995.

[15] Blades, B. (1996) Lockheed Martin Engineering and Science Services, Houston, Texas. Private conversation via C. Cross of the National Aeronautics and Space Administration, Lyndon B. Johnson Space Center, Houston, Texas.

[16] Juhasz, A. J. , and Bloomfield, H. S. (1994) "Development of Lightweight Radiators for Lunar Based Power Systems," NASA TM 106604, National Aeronautics and Space Administration, Lewis Research Center, Cleveland, Ohio.

[17] Juhasz, A. J. , and Rovang, R. D. (1995) "Composit Heat Pipe Development Status: Development of Lightweight Prototype Carbon - Carbon Heat Pipe With Integral Fins and Metal Foil Liner," NASA TM 106909, National Aeronautics and Space Administration, Lewis Research Center, Cleveland, Ohio.

[18] Juhasz, A. J. (1996) National Aeronautics and Space Administration, Lewis Research Center, Cleveland, Ohio. Private communication.

[19] Gernert, N. J. , and Donovan, K. G. (1994) "Unfurlable Radiator for Lunar Base Heat Rejection," SAE Paper 941326, 24th International Conference on Environmental Systems and 5th European Symposium on Space Environmental Control Systems, Friedrichshafen, Germany, 1994, Society of Automotive Engineers, Warrendale, Pennsylvania.

[20] Thermacore (1995 a) "Ultra - Lightweight Heat Pipe Radiator for Lunar Based Heat Rejection," Summary Progress Report No. 22, Thermacore, Inc. , Lancaster, Pennsylvania, March 1995.

[21] Thermacore (1996) "Component and overall weight of lunar radiator heat pipe," Thermacore, Inc. , Lancaster, Pennsylvania. This is a facsimile message to Mike Ewert on September 4, 1996.

[22] Ewert, M. K. , and Clark, C. S. (1991) "Analysis and Conceptual Design of a Lunar Radiator Parabolic Shade," 26th Intersociety Energy Conversion Engineering Conference, Boston, Massachusetts, 1991.

[23] Keller, J. R. (1994) "Full and Partial Parabolic Shade Modeling Using the Thermal Synthesizer System (TSS)," CTSD - 1829 (LESC - 31341), Lockheed Engineering and Sciences Company, Houston, Texas.

[24] Ewert, M. K. , Graf, J. P. , and Keller, J. P. (1995) "Development of a Lunar Radiator Parabolic Shading System," SAE Paper 951524, 25th Intersociety Conference on Environmental Systems, San Diego, California, 1995, Society of Automotive Engineers, Warrendale, Pennsylvania.

[25] Jerng, L. T. (1991) "Weight Comparison Study Between LCELSS Conceptual Design and JSC - 10ft Chamber," CTSD - 1155 (LESC - 29711), Lockheed Engineering and Sciences Company, Houston, Texas.

[26] Barta, D. J. , Dominick, J. S. , and Kallberg, M. (1995) "Early Human Testing of Advanced Life Support Systems, Phase Ⅰ," SAE Paper 951490, 25th Intersociety Conference on Environmental Systems, San DiegQ, California, 1995, Society of Automotive Engineers, Warrendale, Pennsylvania.

[27] Knowles, T. R. (1995) "Carbon Brush Heat Exchanger," Energy Sciences Laboratories, Incorporated, San Diego, California. Presentation to the Crew and Thermal and Systems Division, National Aeronautics and Space Administration, Lyndon B. Johnson Space Center, Houston, Texas, May 1995.

[28] Howell, H. , etal. (1994) "Heat Rejection Subsystem Radiator Assembly, Technical Review No. 13," SDRL Item No. MR 04. 1 LT, Loral Vought Systems, Dallas, Texas. Presented to McDonnell

Douglas Aerospace on March 30, 1994.

[29] NASA (1994) "International Station Assembly Flights Equipment List/Weight," National Aeronautics and Space Administration, Lyndon B. Johnson Space Center, Houston, Texas, September 28, 1994.

[30] Andish, K. K. (1995) Lockheed Martin Engineering and Science Services, Houston, Texas. Private conversation.

[31] Farner, D. (1995) Lockheed Martin Engineering and Science Services, Houston, Texas. From the results of a SINDA/FLUINT model for ISS ETCS.

[32] Ewert, M. (1991) National Aeronautics and Space Administration, Lyndon B. Johnson Space Center, Houston, Texas. Constants used for an unpublished trade study examining a lunar heat pump thermal control system versus a pumped shade thermal control system.

[33] Chambliss, J., and Ewert, M. (1990) "Modular, Thermal Bus - to - Radiator Integral Heat Exchanger for Space Station Freedom," SAE paper 901435.

[34] Keller, J. R. (1995 a) Lockheed Martin Engineering and Science Services, Houston, Texas. Private conversation.

[35] Swerdling, B. (1993) "OAO HP Radiator Efficiency Calculation Error," ATSM - 93 - 057, Electronics Programs, Grumman Aerospace and Electronics. From an interoffice memorandum to J. Alario, April 23, 1993.

[36] Harwell, W. D. (1992) "Rotary Fluid Transfer Technology Presentation," B3 - Al - 107, Crew and Thermal Systems Division, Boeing. Presented to the National Aeronautics and Space Administration, Lyndon B. Johnson Space Center, on July 20, 1992.

[37] Simon, A. L. (1994) Space Shuttle Systems Handbook, Volume 1, Section 7, Revision E, DCN - 4, Mission Operations Directorate, Systems Division, National Aeronautics and Space Administration, Lyndon B. Johnson Space Center, Houston, Texas, October 28, 1994.

[38] Jaax, J. R. (1978) Orbiter Active Thermal Control Subsystem Description andTest History, CSD - SH - 126, Crew Systems Division, National Aeronautics and Space Administration, Lyndon B. Johnson Space Center, Houston, Texas, July 20, 1978.

[39] Rotter, H. A. (1987) "Active Thermal Control Subsystem (ATCS)," Crew and Thermal Systems Division, National Aeronautics and Space Administration, Lyndon B. Johnson Space Center, Houston, Texas. A lecture presented on December 9, 1987.

[40] Rotter, H. A. (1996) National Aeronautics and Space Administration, Lyndon B. Johnson Space Center, Houston, Texas. Private communication via E. K. Ungar on January 9, 1996.

[41] Mistrot, J. W. (1994) Shuttle Operational Data Book, Volume I, Shuttle Systems Performance and Constraints Data, NSTS - 08934, Revision E, Amendment 275, Flight Data Office, Flight Data and Evaluation Office, Orbiter and GFE Projects Office, National Aeronautics and Space Administration, Lyndon B. Johnson Space Center, Houston, Texas, August 4, 1994.

[42] STS - 41 (1990) Flight Data from Discovery during Mission STS - 41, October 6 - 10, 1990, National Aeronautics and Space Administration, Lyndon B. Johnson Space Center, Houston, Texas.

[43] Woodcock, G. R. (1993) "Space Transfer Concepts and Analyses for Exploration Missions; Phase 3, Final Report, June 1993," D615 - 10062 - 2, Boeing Defense and Space Group, Civil Space

Product Development, Huntsville, Alabama.

[44] Peck, S. (1990) "Radiator Panel Coating Comparisons," LDEF Test Results, LTV Corporation. Presented to National Aeronautics and Space Administration, Lyndon B. Johnson Space Center, Houston, Texas, August 3, 1990.

[45] Ewert, M. K., Petete, P. A., and Dzenitis, J. (1990) "Active Thermal Control Systems for Lunar and Martian Exploration," SAE Paper 901243, Advanced Environmental/Thermal Control and Life Support Systems, SP-831, 20th Intersociety Conference on Environmental Systems, Williamsburg, Virginia, 1990, Society of Automotive Engineers, Warrendale, Pennsylvania.

[46] Hughes, M. B. (1995) "Lunar Base Power System for Solar HeatPumps," LMES-31919 (HDID-E-96-191) Lockheed Martin Engineering and Science Services.

[47] Keller, J. R. (1995 b) "Lunar Dust Contamination Effects on Lunar Radiator Shade Systems," Lockheed Martin Engineering and Science Services, Houston, Texas. Presented to Crew and Thermal Systems Department, National Aeronautics and Space Administration, Lyndon B. Johnson Space Center, Houston, Texas, June 2, 1995.

[48] Reich, G., and Scoon, G. E. N. (1993) "Thermal Environment and Thermal Control Aspects for Mars Landers," SAE Paper 932111, 23rd Intersociety Conference on Environmental Systems, Colorado Springs, Colorado, 1993, Society of Automotive Engineers, Warrendale, Pennsylvania.

[49] Dzenitis, J. M. (1992) "The Thermal Environment on the Surface of Mars," JSC 37632 (CTSD-ADV-055), National Aeronautics and Space Administration, Lyndon B. Johnson Space Center, Houston, Texas.

[50] Henson, R. A. (1995) "Conceptual Thermal and Mass Analysis for a Mars Lander Thermal Control System," Lockheed Martin Engineering and Science Services. CTSD report in preparation. 192.

[51] Lucas, G. W. (1996) Lockheed Martin Engineering and Science Services, Houston, Texas. Private conversation.

[52] Cross, C. (1995) "Reusable Launch Vehicle Passenger Module ATCS Impact Study," JSC33429 (CTSD-ADV-186), National Aeronautics and Space Administration, Lyndon B. Johnson Space Center, Houston, Texas.

[53] Wuestling, M. (1994) "Preliminary Accumulator Concept Selection and Design Optimization," MDA-ATCS, McDonnell Douglas. From a presentation to the National Aeronautics and Space Administration, Lyndon B. Johnson Space Center, Houston, Texas, in January 1994.

[54] Swanson, T. D., Sridhar, K. R., and Gottmann, M. (1993) "Moderate Temperature Control Technology for a Lunar Base," SAE Paper 932114, Society of Automotive Engineers, Warrendale, Pennsylvania.

[55] Green, S. T. (1991) "Models of Energy Transport System Components forSpace Applications," Southwest Research Institute, San Antonio, Texas.

[56] Pekrul, P. J., et al. (1989) "Thermal Control System Single-Phase/Two-Phase Trade Study Interim Status Report (CEI: Photovoltaic System)," Revision B, TSR-00051, National Aeronautics and Space Administration, Lewis Research Center, Cleveland, Ohio.

[57] Nguyen, T. M. (1992) "Summary Report for Heat Pipe Radiator Concept for the Space Station Freedom," OAO Corporation, Greenbelt, Maryland, November 10, 1992.

[58] Oren, J. (1995) Loral Vought Systems, Dallas, Texas. Private communication.